JN252077

できる副支店長になるための7つのステップ

〜強い支店には優秀なNO.2がいる〜

有限責任監査法人トーマツ JA支援室 著

はじめに

1 ナンバー2として機能していない副支店長

全国の農協を訪問し、役職員の皆様と意見交換をしていると「農協を変革するためには支店長を変えなければならない」「うちの農協は支店長が問題である」という意見を聞くことが少なくありません。そこで、全国の農協で支店を訪問させていただき、支店の職員にインタビューした結果をできる支店長とできない支店長の特徴として整理しました。（詳細は有限責任監査法人トーマツJA支援室（二〇一六年二月二十五日）『支店長力を高める7つのステップ』全国共同出版）

しかし、支店でのインタビューを繰り返すうちにわかってきたことは、多くの農協で問題となっている「職場が活性化していない」「職員のモチベーションが低い」「支店の業績が悪い」という状況は、決して支店長だけの責任ではないということです。

このような支店に共通していることは、副支店長に対して配下職員が「副支店長が自分の担当業務のことしか考えていない」「副支店長はもっと配下職員の業務に関心を持ち指導してほしい」「副支店長は一般の職員と同じ意識で仕事をしている」と感じていることが多く、支店長のマネジメント力不足とならぶ重要な問題点として副支店長が〝ナンバー2〟として機能していない実態が浮かび上がってきました。

2 副支店長は何をする人？

副支店長向けの研修を実施すると、副支店長が自らの役割を限定的にとらえており、ナンバー2としての役割を意識していない副支店長の多さに驚きます。ほとんどの副支店長はそれまでのキャリアを買われて副支店長になったため、その延長線上での働きを期待されていると考えており、単なる担当業務のベテランとして自らを位置づけています。

このような副支店長は店舗マネジメントや支店全体の取り組み事項は支店長の役割と考えており、店舗内コミュニケーションの円滑化や人材育成について自分の取り組むべき課題として考えていません。そのため、前述のとおり配下職員から「もっと配下職員の業務に関心を持って欲しい」という意見が出てくるのは当然です。

職員が成長する過程において、昇進は最もわかりやすい分岐点です。職員は昇進することで昇進前に描いていた自らの成長イメージを変更し、新しい職位で自身に期待される役割を描き直さなければいけません。昇進とは組合からの「新しい役割を与える」というメッ

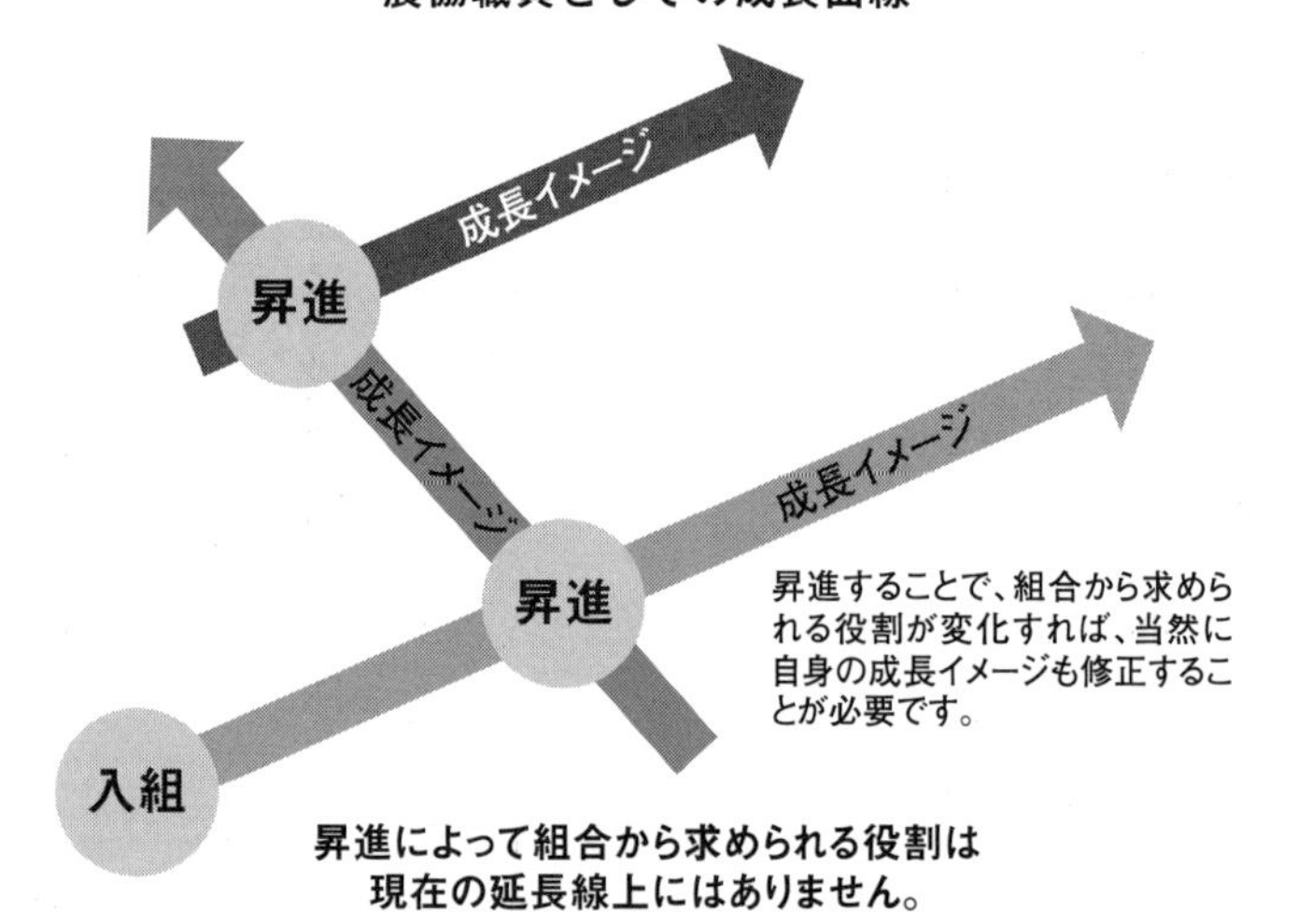

セージです。副支店長になった瞬間に、一般の職員と異なる役割が期待されているということを理解しなければなりません。副支店長は融資担当者でも、LAマネジャーでもありません。副支店長に期待されているのは支店のナンバー2としての役割です。

【副支店長としての役割意識】

①融資担当としてのキャリアを買われて副支店長になっているため、融資に関する専門性を発揮することが副支店長に期待される役割である（41・2％）

②渉外・LAの経験を活かして自ら率先垂範で行動し、推進実績をあげることが副支店長に最も期待される役割である（17・6％）

（弊法人が実施している研修アンケートの結果より）

副支店長を支店長の補佐役と考えている副支店長は多くいますが、支店長の〝補佐〟という言葉のあいまいさが副支店長の役割意識に幅を持たせてしまい、副支店長としての適切な役割発揮を阻害しています。

3 将来の支店長力に対する不安

農協と競合の金融機関とを比較すると、副支店長の意識に大きな差があると感じます。競合の金融機関の副支店長が支店のナンバー2としての役割を意識してキャリアを形成している一方で、農協の副支店長が単なる担当業務のベテランとしての意識のみで日々の業務にあたっていては両者の成長スピードに差があるのは当然です。そして、副支店長時代にどこまで成長することができるかがそのまま将来の支店長力の差になります。

このような副支店長としての過ごし方の違いは、キャリア観の違いとなって表れてきます。現在、農協の副支店長の多くが副支店長のままでキャリアを終えても良いと考えていることに不安が募ります。

【副支店長のキャリア観】

①副支店長のままでキャリアを終えても良いと考えている（35・3％）

②あまり多くのことを期待されると自分の能力では応えられない（17・6％）

（弊法人が実施している研修アンケートの結果より）

停滞した支店の雰囲気を払拭して、支店職員のモチベーションを高めるためには、優秀なナンバー2としての副支店長の存在が不可欠です。副支店長がナンバー2としての自らの役割を意識し、より高い目線で支店全体を俯瞰することができなければ、激変する環境変化に対応できる強い支店をつくることはできません。

そこで、当法人JA支援室がこれまでに実施してきた「副支店長向けナンバー2力強化研修」の内容を一冊の本にまとめました。研修でのグループディスカッションや支店でのインタビューをとおして得られた副支店長や配下職員の生の声を整理し、副支店長に期待する役割を7つのステップとして体系化していますので、副支店長や近い将来に副支店長を目指す農協職員の方々の成長の一助としていただけますと幸いです。

なお、本書の意見にわたる部分については、執筆者の私見であることをあらかじめ申し添えておきます。

目次

支店のナンバー2としての意識を持つ

できる副支店長の意識

ステップ 1

支店のナンバー2としての意識を持つ ～できる副支店長の意識～

副支店長Aさん（8年目）の本音

入組以来、融資畑でキャリアを積んで、副支店長になってからも融資のスペシャリストとして支店の業績に貢献してきました。支店長は融資があまり得意ではないため、私としては融資のスペシャリストとして支店長を補佐する仕事に満足していました。しかし、最近、人事課長から「副支店長が自分の担当業務のことしか頭になく、配下職員の業務や育成にまったく関心がない」と支店の若手職員から不満がでていることを注意されました。

もちろん、支店長不在時には役職者として、支店長の代理をしなければならないことは理解しています。しかし、支店長がいるときには融資のスペシャリストとして支店長を補佐することが役割ではないのでしょうか。以前、新任副支店長としてリーダーシップ研修は受講しましたが、そのなかで副支店長として何を期待されているのか具体的な話はなかったように記憶しています。

これまで副支店長としての役割について教育を受けたことがなく、正直、副支店長として自分に何を期待されているのか理解していません。


副支店長には一般職員とは異なる役割が期待されており、副支店長に就任した瞬間から支店のナンバー2としての役割を意識しなければなりません。組織の強さはナンバー2で決まるといわれるくらい、強い支店をつくるためにはナンバー2としての副支店長の存在が欠かせません。

しかし、実際にはAさんのように副支店長（ナンバー2）としてどのような役割を期待されているのかについて教育を受けることなく副支店長に就いている職員が少なくありません。このような副支店長は、ある日突然、副支店長に昇進したため、昇進前と同じ意識で担当業務を継続しています。これでは、組合が期待する副支店長の役割と副支店長本人が自覚している役割との間に乖離が生じても不思議ではありません。副支店長として求められる意識や必要なスキルについてしっかり理解し、支店のナンバー2としての意識を持つことが、できる副支店長になるための最初のステップです。

できる副支店長とできない副支店長の違いは、支店のナンバー2としての心構えがあるかどうかです。副支店長としての役割を支店長不在時の代わり程度に考え、副支店長は「支店長ほど責任はない」「自分はどこまでいっても副支店長だから」などと言って安穏としているようでは支店の業績は低迷していくことでしょう。

1 副支店長になるということ

副支店長に期待されるナンバー2意識

副支店長と話をしていると、彼ら／彼女らのイメージしているナンバー2の仕事は支店長を補佐することであり、支店長不在時に支店長の代わりになることが自分に期待されている役割だと考えています。もちろん、支店長は様々な会合や会議に出席する必要があるため支店を不在にすることも多く、支店長の代わりになるサポート役が必要です。しかし、副支店長はいざというときに備えているだけの代役ではありません。副支店長には一般職員と異なり、支店のナンバー2として重要な役割があります。副支店長は、支店長の考えを徹底的に理解し、支店長の考えを配下職員にわかりやすく伝えるとともに実現に向けて配下職員を動かさなければなりません。副支店長は、支店において配下職員のモチベーションを高め、支店長の目指す方向に配下職員を先導していくリーダーになることが求められているのです。

そのうえで、副支店長は支店長と得意不得意を補完し合うパートナーとしてそれぞれの強みを活かすことのできる存在でなければなりません。支店長と副支店長は表裏一体の関係にあり、支店運営において支店長の足りない要素を補うのが副支店長の役割です。つまり、副支店長が支店運営を俯瞰して、何が足りないのかを把握して自らの役割を認識しなければ副支店長として機能しているとはいえません。副支店長の役割は、与えられるものではなく自分で考え、つくりださなければならないのです。

配下職員の精神的支柱になる

副支店長のポジションでは、支店長との関係だけではなく、配下職員との関係構築も無視できません。副支店長が配下職員の心をつかめなければ、思ったように配下職員を動かすことはできません。副支店長になったからといって急に配下職員が指示に従うようになるわけではありません。できる副支店長は副支店長としての肩書きではなく、「尊敬」「信頼」「期待」といった感情によって配下職員を動かします。「史記」李将軍伝賛に「桃李(とうり)ものいわざれど下自(したおの)ずから蹊(みち)を成す」とあるとおり、徳のある人の下には自然と人が集まってくるのです。

配下職員に納得して動いてもらうためには、配下職員の中に「この人（副支店長）は自分よりも仕事ができる」という尊敬の気持ちがなければなりません。副支店長が配下職員から単なる担当業務のベテランというような認識をされていれば、指示を出す副支店長に対する反発心が頭をもたげ、不平不満が募ってきます。そのような状態では、配下職員の業務遂行もいい加減になり、モチベーションも低下してしまいます。

副支店長は誰よりも強い心と熱意を持って仕事をしなければなりません。農協を取り巻く環境が厳しさを増すなかで配下職員とともに困難と向き合い、「がんばれ」「もう一息だ」と励ましながら、ときには自らも組合員・利用者の下へ出向いて目標達成に貢献します。そんな副支店長だからこそ、配下職員は副支店長を信頼するのです。

配下職員がやる気をなくしていたら「どうしたんだ、お前らしくない。そんなことで、やる気をなくしてどうする！」と叱咤したり、「組合員さんと上手く人間関係をつくれず、何度訪問しても契約してもらえません。もう渉外としてやっていく自信がありません…」とこぼす若手職員には「なに、大丈夫だ。きみなら絶対できる」と勇気づけながら目標達成への具体的なノウハウを指導する、まさに精神的支柱ともいえる存在が副支店長です。

支店長とともに支店を代表する

副支店長になれば、組合員・利用者の見る目も一般の職員とは異なります。副支店長という職位には組合員・利用者からの期待とそれに対する責任が伴います。一般の職員であれば組合員・利用者に育ててもらうということがあります。特に新人時代には組合員・利用者も〝農協の新人さん〟ということでかわいがってくれます。それが協同組合としての農協の良さであり、農協職員は組合員・利用者に育ててもらい、成長したら組合員・利用者に恩返しをするという関係ができているのです。しかし、副支店長となれば、たとえ新しい部署に異動してきたとしても、そんなことは関係ありません。副支店長なら知っていて当然、できて当然という目で組合員・利用者は副支店長を評価します。しかも、支店長と同様に副支店長に対する評価も支店の評価に直結すると考えなければなりません。副支店長が組合員・利用者から信頼されなければ、自身の評判を落とすだけではなく、支店の評判を落とすことになるのです。

副支店長自身はこれまでの業務の延長で副支店長としての役割をとらえていることが少なくありませんが、組合員・利用者から見れば副支店長は一般の職員とは異なる「役職者」であり、副支店長に対する期待は高く、副支店長としての言動には当然に責任が伴います。そのため、副支店長が担当業務の話しかできないようでは、組合員・利用者の期待に応えることはできません。さらに、総合農協の副支店長として、地域農業に関心を持つことも必要です。副支店長が地域農業に無関心であれば、組合員・利用者からも農協は信用事業、共済事業（組合業績）にしか興味がないと思われてしまいます。副支店長は率先して組合員・利用者と交流し、地域農業に対しても総合農協の役職者として恥ずかしくない知識を備えておかなければなりません。

2 支店の強さは副支店長がつくる

組織の成長はナンバー2で決まる

支店の方針や目標を掲げ、配下職員の先頭に立って突き進むのは支店長であり、一国一城の主としての支店長の力量は何よりも重要であることは言うまでもありません。しかし、支店の方針や目標を実現し強い支店をつくるためには、方針や目標を考えて決断するだけではなく、確実に実行し配下職員にしっかり定着させなければならず、支店長だけの力では限界があります。どれほど優れた方針や目標であっても実践されなければ「絵に描いた餅」です。だからこそ、配下職員を巻き込み、先導する優秀な副支店長が必要なのです。支店長が方針や目標を示し、副支店長が支店長の意図や目的、将来のビジョンをわかりやすく、場合によっては一人ひとりに説明して理解させ、配下職員全員のモチベーションを高め、行動を引き出します。そのうえで、副支店長が配下職員の手本となって動くことで支店長の考える方針や目標を確実に実現していくのです。つまり、支店長の力量を生かすも殺すも副支店長次第といっても過言ではありません。

強い支店をつくるためには、副支店長は支店長の言葉の意図を読み取り、「1」言われたら「10」理解し行動しなければなりません。支店長から言われたことを実行するだけなら一般の職員と変わりません。副支店長は支店長の考えを理解し、支店長の指示を噛み砕いて具体化し、配下職員に伝えなければなりません。さらに、支店長の指示だからといって配下職員に押しつけるのでなく、現場の実態に配慮しながら最も効果的・効率的に進むように調整し、支店全体に周知徹底させることもナンバー2としての副支店長の役割です。そのうえで、配下職員の動きを観察し、問題があればタイムリーに支店長に報告・連絡・相談しなければなりません。

支店長を孤立させない

自分の考えを持たずに支店長の考えに賛成するだけの副支店長はただの「イエスマン」であり、支店のナンバー2として支店長を支える存在ではありません。このような副支店長の多くは、支店長の顔色を伺い、支店長の機嫌が悪くなるような情報は支店長の耳に入れないようにします。そのため、支店長の耳に入る情報は、支店長にとって気持ちの良い情報ばかりとなり、支店長が支店の実態について正しい状況判断ができなくなります。

常に正確な情報を迅速に収集して支店長に状況判断を仰ぎ、支店内で問題が発生していれば手遅れにならないうちに支店長に報告するのが副支店長の役割です。支店長にとって気持ちの良い情報ばかりを報告し、支店長の機嫌をとっているような副支店長は、支店のナンバー2として「百害あって一利なし」です。このような副支店長の存在は、支店長が支店の実態を正しく判断できずに支店の舵取りを誤るリスクを高めるだけではなく、配下職員からは、現場を理解せずに勝手な指示を出す無能な支店長と判断され、支店長を中心に支店をまとめていくことができなくなります。こうなってしまえば、支店長がどのような指示を出しても配下職員は素直に従わず、支店内はまさに「笛吹けど踊らず」という状態です。

さらに、このような副支店長は、支店長と職員との間に立ちはだかって、支店長の見通しの利かない支店にしてしまっていることが少なくありません。職員のモチベーションが下がっているのに、支店長は気づいていない。組合員・利用者との間に苦情・クレームが発生しても、事態が悪化するまで支店長には何も知らされない。ひどいケースになると、支店長と一枚岩であるべき副支店長が陰で支店長批判をしていることすらあります。

意欲的な姿勢で配下職員を牽引する

副支店長に対してインタビューしていると「自分は支店長の器ではない。どちらかというとナンバー2タイプだ」というような自己評価を聞くことが少なくありません。しかし、副支店長に対する360度評価結果をみると、このような副支店長は副支店長としての役割すら全うできていないことがほとんどです。支店長の器ではないと言い訳して成長することを放棄し、副支店長の役割を甘く見た結果、優れた副支店長にもなれていません。自らをナンバー2タイプだと自認するのであれば、ナンバー2としての役割を完璧にこなすことを意識しなければなりません。これまで話してきたとおり、ナンバー2にはナンバー2の役割があります。支店長の考えを配下職員に周知徹底し、自らは率先垂範で行動し、配下職員を牽引していくことが副支店長には求められているのです。

そもそも「自分は支店長の器ではない」などと勝手に自分の限界を決める必要はありませ

ん。自分がこの組織で何がしたいかを真剣に考え、本気で仕事をすることが大切です。副支店長が本気になって仕事に向き合っている姿を手本にして、配下職員は自身の仕事観をつくっていきます。常に自分の背中を見ているたくさんの配下職員がいることを忘れてはいけません。愚痴をこぼさず愚直に汗を流し、どんな難しい仕事にも常に前のめりで取り組む副支店長の姿を配下職員は見ています。自分は支店長の器ではないと決めつけている副支店長は「人は自分の能力に見合った地位につくのではなく、地位が人をつくる」ということを知らなければなりません。

3 副支店長に必要な「ヒューマンスキル」と「テクニカルスキル」

マネジメントに必要な三つのスキル

マネジメントに必要な能力として有名なのが、ハーバード大学のロバート・カッツ教授が1955年に発表した「カッツ理論」です。カッツ教授はマネジメントに必要な能力として「テクニカルスキル」「ヒューマンスキル」「コンセプチュアルスキル」の三つを挙げています。

強い支店をつくるためには、状況に応じて支店長と副支店長がこの三つのスキルを使い分け、もしくは組み合わせて発揮することが求められます。

●テクニカルスキル

「業務遂行能力」と呼ばれ、自らが担当する業務を実施するうえで当然に必要となる専門知識や能力のことを指します。たとえば、各種の推進業務において商品・仕組みについての知識は不可欠です。金利や掛金の違いだけではなく、競合金融機関等の商品や仕組みも正しく理解し、組合員・利用者に最適な提案ができなければなりません。また、書類作成や端末操作など店舗内事務に関してマニュアルに従った業務処理の仕方を正しく理解していなければなりません。

●ヒューマンスキル

「対人関係能力」と呼ばれ、支店長や配下職員、組合員・利用者などと、人間関係を構築し、良好な関係を維持するための能力を指します。具体的には、コミュニケーション能力、交渉力、協調性などが挙げられます。対人関係能力は組織の中で人と人とが互いに関係しあいながら業務を遂行するうえで不可欠の能力であり、組織の中で上手な人間関係を築くことができなければ業務を円滑に遂行することができません。また、農協の事業は職員を介して、組合員・利用者に対して商品・サービスを提供することが基本であり、対人関係能力の良し悪しが業績に直結します。

●コンセプチュアルスキル

「概念化能力」と呼ばれ、組織を取り巻く環境を構造化し、取り組むべき課題や問題の本質をとらえる能力を指します。概念化能力は、業務が上手くいかなかったとき、あるいはトラブルが発生したときなどに、それをどう解決していくかを考えるスキルであり、情報収集から解決策の立案（具体化）まで一連のプロセスを円滑に遂行するスキルです。

支店の先頭に立って配下職員を方向づける支店長には、支店の成すべき事を具体化する「コンセプチュアルスキル」が求められます。「コンセプチュアルスキル」の低い支店長の下では、支店は進むべき方向を見失い、職員一人ひとりの目指すものがばらばらになってしまいます。

一方で、配下職員を統率して支店長の考えを実践する副支店長には、支店長の考えを噛み砕いて具体的な指示に落とし込む「テクニカルスキル」が求められます。そのうえで、副支店長の指示に対して配下職員が素直に従おうと感じるような「ヒューマンスキル」がなければ、支店を支店長が目指す方向に動かしていくことはできません。

副支店長の信頼を支えるテクニカルスキル

副支店長が配下職員からの信頼を得るために、最初に必要になるのが担当業務を実施するうえで当然に必要となる専門知識や能力（テクニカルスキル）です。配下職員に対して副支店長が実際にやって見せることで、配下職員の理

マネジメントに必要な３つのスキル

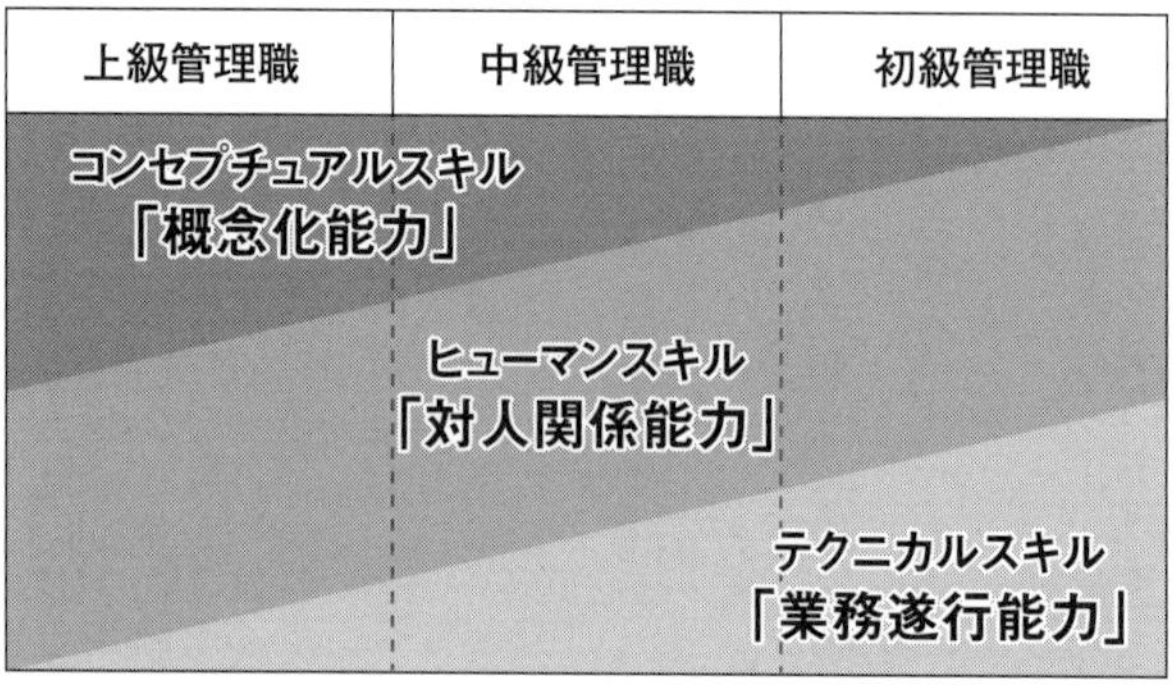

上級管理職	中級管理職	初級管理職

コンセプチュアルスキル「概念化能力」
ヒューマンスキル「対人関係能力」
テクニカルスキル「業務遂行能力」

解が深まるとともに、副支店長への信頼が高まります。そのため、副支店長は、推進であっても事務処理であっても、十分な専門知識を身につけ、配下職員の手本となって実践できることが必要です。

さらに、経験豊富な副支店長が身につけているノウハウは、支店全員で共有してこそ大きな力に変わります。副支店長が経験によって習得したセールストークや効果的な推進の技術も貴重なノウハウとして、配下職員に伝えていかなければなりません。

副支店長の持つ技術やノウハウは、「見て盗む」ものとして配下職員を突き放すのではなく、わかりやすく、上手に教えて支店全体の力にするという意識が重要です。見て盗むというのは配下職員に余裕があるからできるのです。現在のように支店を取り巻く環境がめまぐるしく変化するなかで、技術やノウハウの習得に時間をかけていては、身についたときには技術が陳腐化しているということも少なくありません。環境変化にすばやく対応し、副支店長の持つ技術やノウハウで支店全体の競争力を底上げするためには、副支店長がきちんと配下職員に教えることが必要です。そのため、副支店長に求められるテクニカルスキルには、単に業務を遂行する能力だけではなく、ファシリテーションやコーチングといった技術やノウハウを配下職員に伝える能力も含まれています。

前進力のある支店長には、ヒューマンスキルの高い副支店長が必要

支店長は、支店の目標を設定し、目標達成の方法を示し、達成に向けた様々な障害にも対処しなければなりません。そのために最も必要なのがコンセプチュアルスキルであり、支店長には問題や状況を論理的にとらえ、その本質を見抜く能力が求められます。

支店のナンバー2である副支店長は、このような支店長の掲げる目標を実現するために、配下職員のモチベーションを高め、納得して行動させなければなりません。強力な前進力で、支店をあるべき方向へと導いていくような支店長はコンセプチュアルスキルは長けていますが、配下職員一人ひとりの納得感やモチベーションの状態に気を配るようなヒューマンスキルが乏しいということが少なくありません。ヒューマンスキルが乏しい支店長は、自分の言葉を配下職員がどのように受け取っているのか、実行が過度な負担になっていないかなどおかまいなしに次々と改革を推進して行きます。

改革のスピードが問われる現在のような環境下において、配下職員一人ひとりの気持ちに

まで気を配っていては十分なスピードで改革を実行することができません。しかし、支店長が配下職員の気持ちを考えずに改革を進めていくと、職員は改革に疲れ、支店の雰囲気は停滞します。そのような状態でいくら支店長が熱い思いで改革の必要性を訴えても、もう誰もついていけません。

支店長には前だけを見て改革を推進してもらい、あるべき支店の姿を実現するために、支店長の考えを理解し、それを配下職員を上手にまとめながら実践することができるヒューマンスキル豊かなナンバー2の存在が不可欠です。

支店運営の潤滑油になる

できる副支店長が支店を一つにする

ステップ 2

支店運営の潤滑油になる
～できる副支店長が支店を一つにする～

副支店長B（5年目）さんの本音

支店長は自分勝手に行動したり配下職員に対して威圧的なものの言い方をするので正直いって配下職員から嫌われています。もちろん、私もなんとかしたいと思い、何度か支店長には伝えたのですが改善する様子はありません。あまりしつこく指摘すると、何も変わらないどころか機嫌が悪くなって、「誰がそんなことを言っているんだ」なんて怒り出し、配下職員に当たったりするからもう何も言えませんよ。だから私は支店長とはたまに冗談を言い合ったりして機嫌が悪くならないように気を遣っているんです。これが結構疲れるんですよ。それから、配下職員に対しては、彼ら/彼女らの「はけ口」

役になって、配下職員の不満を上手く逃すことにしているんです。飲み会の席などでは支店長に対する不満で盛り上がってますよ。私だって支店長には言いたいことがありますからね。
　支店長が異動するまでは、何か行動を起こそうなんて職員はいませんよ。どうせ支店長に潰されるか、上手くいっても支店長が自分の手柄にするのは目に見えてますからね。支店長には申し訳ないですが、しばらくは、支店長を悪役にして私が支店をまとめていこうと思っています。これで支店が上手く回っているんですから、まさに潤滑油ってやつです。

　副支店長は店舗内コミュニケーションの潤滑油になって支店長と配下職員との相互理解を促進しなければなりません。そのためには、支店長とも配下職員とも本音を言い合える関係づくりが不可欠です。トップダウン型のコミュニケーションにおいては支店長の考えをわかりやすく配下職員に伝え、一方でボトムアップ型のコミュニケーションにおいては配下職員の声を率直に支店長に伝えます。このとき、支店長も配下職員も副支店長の言うことだから聞かなければいけないと思うようにしておかなければなりません。

しかし、実際には、副支店長Bさんのように支店内コミュニケーションにおいて配下職員の単なるガス抜き役になっている副支店長が少なくありません。ましてや副支店長が他の職員と一緒になって支店長の批判をしているような支店では支店長を中心に職員を団結させることなど不可能であり、職員が一丸となって何かを成し遂げることは困難です。支店長はまさに「裸の王様」であり、支店長には気持ちの良い情報しか入ってこず、支店の状況を正しく認識できません。また、支店長が何を言っても職員は聞き流すばかりで行動を起こすことはありません。

できる副支店長とできない副支店長の違いは、支店内コミュニケーションの潤滑油としての役割を果たせるかどうかです。できる副支店長は常に「どうすれば支店長の考えを配下職員に伝えることができるのか」「どうすれば支店長が意思決定に必要な情報をタイムリーに把握できるように、配下職員から生の声を引き出せるだろうか」と考えています。

【副支店長に期待する役割】

①配下職員に支店長の思いを伝える
②意思決定に必要な情報を支店長に集める
③支店長を中心に支店を団結させる

1 配下職員に支店長の思いを伝える

支店長の考え方を徹底的に理解する

支店運営において支店長と副支店長が一枚岩になっていることが重要です。そのため、「支店長は正組合員と真剣に向き合って支店のコアなファンを大切にすることを重視しているけど、俺は組合に対する帰属意識は低くても良いからキャンペーンで准組合員を増加させることが目標達成のためには有効だと思うけどね…まぁ、支店長の指示には逆らえないからね」と評論家のように支店長の方針に異を唱える副支店長では、支店の業績を良くしていくことはできません。

決定した支店長の方針について、副支店長が配下職員にネガティブな意見を伝えることは支店にとってマイナスでしかありません。それは、意見の異なる支店長を失敗させて自らの正当性を認めさせたいという副支店長の歪んだ自己顕示欲であり、そこには当事者として失敗の責任をとるというナンバー2としての責任感は皆無です。無責任に支店長を批評する評論家でしかない副支店長であればいないほうがましです。

支店長の方針に異議があるならば、決定する前にとことん支店長と議論をするべきです。支店には副支店長以外に支店長を説得できる職員はいません。しかし、一旦方針が決まれば、後はどうすればその方針のもとで支店を成功に導くことができるのかを考えるのが副支店長の役割です。

支店の方針はどのような環境下においても常に一つであり、それを発信するのは支店長の役割です。副支店長は、支店長の考えを徹底的に理解し、自らの考えに固執することなく、支店長の考えを支えることに全力を注がなければなりません。

【できる副支店長の特徴】

・支店長が支店運営のメインだが、副支店長も支店長と連携して支店全体のことを考えながら支店運営に取り組んでくれている。

- 配下職員の育成方針など支店長とよく話し合っているところを見る。支店長が「話す人」、副支店長が「聴く人」など支店長と副支店長の間で役割分担ができている。
- 支店長と副支店長はとにかくよく話している。そのため、支店長と副支店長が目指している方向性がズレることはなく、副支店長の指示にも安心して従うことができる。

【できない副支店長の特徴】

- 支店長と副支店長の人間関係は悪くないが、支店長の意見を配下職員に共有してくれるわけではないので、それぞれの業務が独立して上手く連携できていないと思う。
- 副支店長は、支店長の方針を批判するが代案は出さない。もっと支店長と副支店長で話し合うべきだと思う。
- 支店長と副支店長の役割分担がどのようになっているのかわからないが、支店長と副支店長が違うことを言うと配下職員は混乱するので、事前にしっかり調整してほしい。

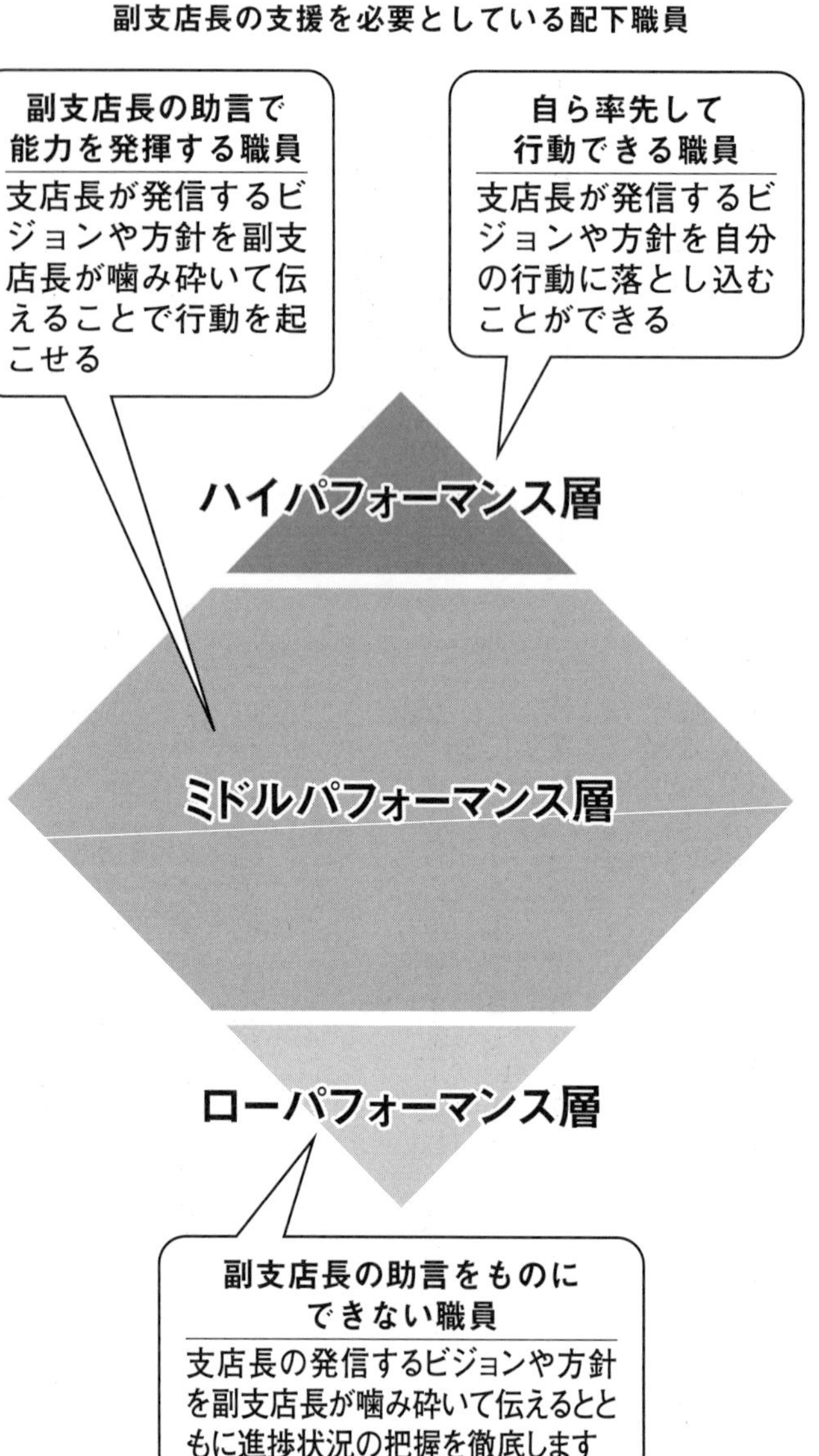

副支店長の支援を必要としている配下職員

副支店長の助言で能力を発揮する職員

支店長が発信するビジョンや方針を副支店長が噛み砕いて伝えることで行動を起こせる

自ら率先して行動できる職員

支店長が発信するビジョンや方針を自分の行動に落とし込むことができる

ハイパフォーマンス層

ミドルパフォーマンス層

ローパフォーマンス層

副支店長の助言をものにできない職員

支店長の発信するビジョンや方針を副支店長が噛み砕いて伝えるとともに進捗状況の把握を徹底します

支店長の指示を「自らの言葉」で伝える

支店長の掲げる方針を、配下職員が正しく理解し、行動できるように具体的な計画に落とし込み、配下職員を動かすのが副支店長の役割です。支店長の掲げる方針をわかりやすく噛み砕いて配下職員に周知徹底させてこそ、支店の大きな力に変わります。副支店長自身が支店長の考えに共感し、自らの言葉で配下職員に伝えることが重要です。配下職員は副支店長の本気度を敏感に感じ取ります。副支店長が単に支店長の言葉をオウムのように繰り返しているだけでは配下職員は副支店長の話を聞こうともしなくなります。副支店長が熱意を持って自らの言葉で配下職員に語りかけるからこそ、配下職員に副支店長の言葉が響くのです。

「働きアリの法則」は人間の集団にも見られ、集団の中には、優秀な人が2割、普通の人が6割、あまり働かない人が2割いるといわれます。優秀な2割は支店長が方針を掲げれば、それを正しく理解し、自律的に行動に移すことができます。しかし、放っておいても正しい行動ができるのは、たったの2割です。副支店長は、支店長の方針を聞いただけでは行動に移すことができない6割の普通の人に対して、一人ひとりの能力や理解度に応じて、支店長の考えを噛み砕いて、わかりやすく伝え、支店の力を底上げしなければなりません。もちろん、残りの2割に対しても、あきらめずに根気強く働きかけることが必要です。

【できる副支店長の特徴】

- 支店長から出された支店でのキャンペーンやイベントなどに関する指示に対して、副支店長が補足して詳細な指示をくれるので動きやすい。
- 支店長の指示を噛み砕いてわかりすく説明してくれる。質問すれば副支店長の考えを教えてくれる。
- 支店長の示す方針が漠然とした理念のようなものであるときに、それをどのように解釈して具体的に何をすれば良いのかを一緒に考えてくれる。

【できない副支店長の特徴】

- 支店長と同じ話をするだけであり、支店長の伝書鳩みたいなもの。私は支店長と直接話をするので副支店長はいらない。
- 副支店長の思いはまったく感じない。質問すると常に「支店長に確認します」と言うだけで、即答することはない。

- 副支店長は支店長の言ったことにはすべて従う。たとえ、疑問に思うことがあっても絶対に反論しない。あとで配下職員に対して「あれ、やる意味があったか?」と愚痴ることが多い。

配下職員に「この人の指示なら従おう」と思わせる

支店長⇕副支店長⇕配下職員というのが支店内での情報の流れであり、トップダウン型の指示・命令でも、ボトムアップ型の提案でも支店長と配下職員とをつなぐ潤滑油になるのが副支店長です。そのため、副支店長が有効に機能している支店とそうでない支店では支店内のコミュニケーションに大きな差が出ます。そして、これがそのまま支店の競争力の差になるため副支店長の役割は非常に重要です。

副支店長が潤滑油として機能するためには、副支店長が支店長および配下職員から信頼されていることが前提です。支店長も配下職員も、副支店長に対しては本音で話ができる関係になっていなければ、副支店長が支店内のコミュニケーションの中心になることはできません。支店長や配下職員からの信頼は一朝一夕で得られるものではなく、この信頼関係の構築を上手くできているかどうかができる副支店長とできない副支店長の差になっています。できる副支店長は配下職員の成長を考えたうえで業務分担の指示を出し、そのうえで配下職員からの質問に対しても的確に回答することで信頼を得ています。特に、マニュアルに明記されていない対応など、配下職員が対応に困ったときに、副支店長が文書の解釈について丁寧に説明し、的確に処理する姿を見せることで配下職員は安心して自らの業務に従事することができ、この副支店長と一緒に働きたいと思います。

副支店長が配下職員から信頼され、この人の指示なら従おう（成長できそうだ）と感じてもらうことで、支店長の考えを配下職員に浸透させることができるのです。

【できる副支店長の特徴】

- 支店長よりも職員が相談しやすい。支店長は支店の中のことよりも、組合員・利用者対応など外で活動しているので、支店の中のことは副支店長に相談している。
- 手続きをよく知っているので質問した時の回答が的確であり信頼できる。

・親身に話を聞いてくれるので相談しやすい。支店長に相談しづらいことも副支店長にならば相談できる。

【できない副支店長の特徴】

・パート職員のほうが情報・知識が多く、業務内容に関する質問については確実に回答が返ってくる。
・電話対応を見て「この対応はないのではないか」と感じることが多く、副支店長に相談したいと思わない。
・一緒に訪問しても頼りにならないため同行訪問をお願いしようと考えたことはない。

まとめ

できる副支店長は支店長と密にコミュニケーションをとり、一体となって機能しています。配下職員から見て支店長と副支店長が一体となっていることは支店が目指す方向性についての迷いをなくします。

・できる副支店長は支店長の考えを徹底的に理解する
・できる副支店長は支店長の指示を自らの言葉で伝える
・できる副支店長は配下職員に「この人の指示なら従おう」と思わせる

2 意思決定に必要な情報を支店長に集める

支店の状況を常に共有する

副支店長は、支店長の方針を配下職員に伝えるだけではなく、配下職員が方針通りに動いていることを絶えずチェックし、それを支店長に報告しなければなりません。外に出ることの多い支店長に対して、支店の状況を正確に伝え、支店長が支店の舵取りを誤らないようにすることが副支店長の役割です。

まずは副支店長が支店内を俯瞰する目を持ち、自らの担当する業務以外であっても適切に状況を把握しなければなりません。支店長から窓口職員の状況について聞かれたときに、「忙しいそうにしていますが、業務上接点がないので、実態はよくわかりません」と反省する様子もなく回答するようでは副支店長失格です。副支店長は支店のナンバー2として「支店で何が起きているのかを最も理解しているのは自分だ」と自信を持って言えなければなりません。副支店長は普段から支店内で何が起きているのかに絶えず目を光らせ、支店の雰囲気や配下職員の細かな変化に気づかなければなりません。

そのうえで、支店長が意思決定するために必要な情報は細大漏らさず報告することが副支店長の役割です。しかし、支店・職員に関する詳細な情報をすべて支店長に伝えてしまえば支店長は瑣末な情報に煩わされ、重要な情報を聞き逃すおそれがあります。そこで、副支店長は集めた情報を分析し、取捨選択し、支店長に必要な情報を過不足なく報告するようにしなければなりません。副支店長に求められているのは、支店長の性格を考え、支店長が必要とする情報をきちんと選んで提供することです。

【できる副支店長の特徴】

- 副支店長は支店の中のことがよく見えており、内勤職員が困って相談しようと思っていることを事前に支店長に相談しているので、問題が大きくなる前に解消されることが多い。

●業務上のコミュニケーションの頻度に関わらず、自ら話題をつくってすべての職員と平等にコミュニケーションをとっている。副支店長は誰とでも話ができるため、職場内の人間関係などに一番詳しいのではないかと思う。

●業務で悩んでいたりすると「大丈夫か?」と声を掛けてくれる。本当に助けが欲しいときに声を掛けてくれるので、配下職員をよく見ているのだと感じる。

【できない副支店長の特徴】

●副支店長は融資・相続業務で手一杯であり、配下職員の状況まで気を配る余裕がないと思う。

●副支店長は自分の担当業務のことにしか関心がない。そのため、悪気はないかもしれないが、新入職員などが悩んでいても気づかない。

●職員間でトラブルがあり支店の雰囲気が悪くなったことがあった。その時は支店長が間に入って対応してくれたが、副支店長はそのような状況に気づいてさえいないようだった。

悪い情報こそタイムリーに共有する

支店長が支店運営の舵取りを誤らないためには、支店長にとって都合の悪い情報こそタイムリーに共有しなければなりません。しかし、支店長の顔色を伺って都合の良い情報しか報告しない副支店長や、自らの評価が下がることを恐れて悪い情報は極力自分のところで抑え、支店長の耳に入らないようにする副支店長が少なくありません。

もちろん、「うちの支店長は悪い情報に対して、すぐに感情的になり、激昂するので報告したくない」「報告すれば自分のせいにされ、『すぐに対策を考えろ！』と怒鳴られるだけで対応してくれるわけでもない。結局自分でやるなら支店長に報告する必要はない」など支店長に問題がないわけではありません。しかし、副支店長は一般の職員と異なり、支店長に対して意思決定に必要な情報を過不足なく提供するという役割を期待されています。支店長が感情的になるからといって、支店長の機嫌を損ねないように、支店長にとって都合の良い情報だけを報告していれば、支店長が「裸の王様」になってしまいます。「目標が達成できそうにない」「組合員・利用者から苦情が出ている」「職員に不満がたまっている」など、どれも支店長にとって嬉しい報告ではありません。しかし、どれも早期に対応せず、対策を先送りすればするほど問題は深刻になっていきます。臭い物に蓋をしておくことなどできません。支店長が気づいた時には事態が対応不可能なほど深刻な問題になっているということがないように悪い情報ほどタイムリーに報告しなければなりません。

さらに、副支店長は、支店内に問題があればタイムリーに支店長に報告する一方で、原因と解決策を探り、自分のレベルで対応可能な問題についてはその都度、配下職員に指示を出し、適切に処理していかなければなりません。

【できる副支店長の特徴】

- 問題が起こった場合、一旦、副支店長に持ち込み、解決できるか判断してもらう。副支店長では解決できない場合には、副支店長が支店長に持ち込むという仕組みができている。
- 組合員・利用者からの苦情・クレームなど支店で問題が発生すれば必ず副支店長が支店長に報告して指示を受けている。そのうえで、苦情・クレームについては再発防止のために終礼で副支店長が全員に共有している。
- 一時期、人事異動が頻繁にあり業務に支障をきたしそうだったが、副支店長に相談したら、支店長や本店と共有して改善してくれた。

【できない副支店長の特徴】

- 支店長が感情的になりやすいこともあり、支店内で問題があったときなどは極力、副支店長が解決しようとしており、支店長には報告していないように見える。
- 郵便物の送付先に誤りがあり、すぐに副支店長と組合員宅に謝罪に行き、問題にはならなかったが、そのようなことがあったことを支店長には報告していない。
- ある時期に窓口職員の業務負荷が高く職員が疲れていることがあり、副支店長に相談したが、「何か対策を考えないといけないな」と言っただけで何もしてくれなかった。支店長や本店に伝えることもしていないと思う。

支店長に対する不満や苦言を収集する

副支店長が支店内の問題を早く、正確に把握しておくためには、配下職員が支店長に対して抱いている不満や苦言なども副支店長には安心して話せるという関係づくりが必要です。

すぐに感情的になり激昂する副支店長のところに、支店長に対する不平や不満を言いにくる配下職員はいません。支店全体のことを考え、勇気を出して発言したにもかかわらず、副支店長から「何を甘えたことを言っているんだ」「余計なことに口を挟むな、自分の仕事に集中しろ」などと一喝されてしまえば、誰も副支店長に話しに来なくなります。配下職員の愚痴に対しても「なるほど、なるほど」と言って話を聞く度量が副支店長には必要です。副支店長には何を言っても親身になって聞いてくれるという安心感がなければ、配下職員は不平や不満を伝えることはできません。

配下職員から支店長の不平や不満を聞いたときに、一緒になって支店長の不平や不満を言うことは論外ですが、それを放置してもいけません。配下職員から支店長が嫌われているようであれば、支店長の言動を変えてもらうように支店長に苦言を呈することもナンバー2としての副支店長の役割です。

その際、配下職員から聞いた不平や不満をそのまま支店長に報告してしまうことも副支店長として問題があります。不平や不満がどの程度の広がりをもったものであるのか、また、それが事実であるのかどうかを確かめ、しかも配下職員の不利益にならないように報告しなければなりません。

【できる副支店長の特徴】

- 支店内のことは副支店長に相談すれば解決してくれる。支店長が予定表に記入してくれなくて困った際に、支店長本人には改善してくれとは言いにくかったが、副支店長に相談したら改善された。
- 支店長が感情的になって怒鳴るので配下職員が萎縮してしまっていると、副支店長が支店長に対してそれとなく伝えてくれた。
- 以前、支店長がどこにいるかわからずに困ったことがあり、副支店長に相談したら、副支店長が上手くつないでくれて、今は支店長が外出する時には副支店長に必ず予定を告げるようになった。

【できない副支店長の特徴】

- 「支店長がどこにいるかわからないので何とかして欲しい」と副支店長に相談しても、一緒になって支店長の不満を言うだけで改善されない。

- 支店長がすぐに感情的になるため相談しづらいと副支店長に相談したら、支店長の機嫌がいい時に相談すれば良いと言われ、自分は支店長の機嫌を見極めるのが上手いとよくわからない自慢をされた。
- 支店長は会話の中で誰かを批判することが多いので話しにくいと配下職員の皆が感じている。副支店長にそのことを伝えているが、支店長には伝わっていないため改善されない。

まとめ

できる副支店長は支店長の言うことにただ従うだけではなく、ナンバー2として、支店長に対して言うべきことはしっかりと言うことができています。情報収集および情報分析力はナンバー2に求められる必須の能力です。

- できる副支店長は支店の状況を常に共有する
- できる副支店長は悪い情報こそタイムリーに共有する
- できる副支店長は支店長に対する不満や苦言を収集する

3 支店長を中心に支店を団結させる

支店長を立てる

できる副支店長は、支店内でのナンバー2という立場を理解しているため、どのような場面でも必ず支店長を立てています。いくら副支店長が支店長の補佐や代役ではなく、実力的には支店長と遜色ないといっても、組織での序列は支店長が上、副支店長が下です。副支店長は常に〝序列二位〟であることを意識しなければなりません。

外出する際には目的地までの道順を調べ、電車やバスの乗り換えは副支店長が案内します。一緒に歩くときには支店長の一歩先に出てドアを開けて待ちます。お客様先では支店長が座った後に腰掛け、出されたお茶やコーヒーにも支店長の後に口をつけます。支店長の話はわかりきったことも傾聴の姿勢で聴きます。支店長と同席する際はもちろんですが、支店長不在時においても副支店長は常に支店長を立てた言動を意識しなければなりません。

しかし、現実には副支店長が支店長に対して尊敬や敬意どころか、内心軽んじていたり、なめていたりすることも少なくありません。特に年齢が逆転している場合など、自分のほうが知識や経験が豊富だと勘違いして支店長を軽んじています。そのような副支店長は、我々のような外部の人間のインタビュー時においても支店長の話を遮って発言をしますし、支店長が話をしていてもまともに聞いていません。副支店長がどのような気持ちで支店長の話を聞いているかは表情を見ていれば一目瞭然であり、発言内容にも自分のほうが支店長よりもわかっているというニュアンスがあります。さらには、外部の人間や配下職員の前でも平気で支店長に対する反対意見を口にします。なかには、支店長に対する言葉遣いや態度が丁寧すぎて慇懃無礼になっているという副支店長もいます。

支店長は一家の大黒柱であり、配下職員にとっては尊敬の対象です。それをナンバー2である副支店長が軽視していては、支店長を中心に支店が一つにまとまるわけがありません。副支店長は支店長を尊敬し、敬意を払って支店長と接しなければなりません。仮に、どうしても支店長が尊敬できない場合でも、外見的には支店長を尊敬する姿勢を示し、飲み会の席であっても配下職員に対して支店長の悪口を言ってはいけません。配下職員から内心は支店長を軽んじていることを見抜かれるようでは副支店長失格です。

【できる副支店長の特徴】

- 支店長と副支店長の人間関係は良好で、副支店長が支店長の不平や不満を言っているのを聞いたことがない。
- 常に支店長の発言を待って自分が発言している。決して、自主性がないというわけではなく、支店長を立てていると感じる。
- 配下職員に対して「支店長が改善してくれた」「支店長が本店に掛け合ってくれた」と伝え、実際には副支店長も一緒に動いてくれたと思うが、支店長のおかげと言っている。

【できない副支店長の特徴】

- 配下職員に対しては「支店長はまだ若いから、よくわかっていない」と言って支店長の方針を批判するが、支店長には直接言わないため、どちらに従っていいのかわからない。
- 支店長と副支店長と指示の内容が違うことがよくある。副支店長は「支店長はあと2年で異動だから、(支店長の指示は)聞き流せばいい」というような発言を平気でする。
- 支店長が話しているときでも、書類を見たりしてまともに聞いていない。支店長と副支店長が上手くいっていないことは職員全員が知っている。

支店内の人間関係に配慮する

支店内の人間関係に配慮して、職員同士のトラブルを未然に防止することも副支店長の重要な役割です。そのために、自ら積極的に職員同士の交流の場を企画したり、支店内で積極的にコミュニケーションの輪をつくるなど職員同士が良好な人間関係を構築できるように行動しなければなりません。

最近では、多くの農協で実施されるようになりましたが、職員の誕生日を支店全体でお祝いするなど、支店長を中心に支店が「家族」のような絆を感じられるようになれば、自然と互いが助け合い、良好な人間関係ができます。

さらに、短時間勤務職員など様々な事情を抱えた職員が働きやすい環境をつくることも副支店長の役割です。短時間勤務職員とフルタイムの職員との間で業務負荷に差が生じると、フルタイムの職員の中には短時間勤務職員に対して不満を言う人が出てきます。そのような状況を長期間放置すると支店内の雰囲気は悪化し、職員間のコミュニケーションが阻害されます。支店内での職員の動きをしっかりと把握し、お互いが不満をもたないように内勤職員の休みの調整をするなど、気配り、目配りで、支店内の人間関係を良好に保たなければなりません。

【できる副支店長の特徴】

- 昼食時や業務後などに積極的に職員とのコミュニケーションをとり、様々な話題を話しながら、業務の話も織り交ぜて、相談しやすい雰囲気をつくってくれている。
- 職員の誕生日会などを率先して企画し、職員を喜ばせている。
- 支店の中のことがよく見えており、働きやすいように配慮してくれている。業務負荷を考えながら、内勤職員の休みの調整を率先して行ってくれた。

【できない副支店長の特徴】

- 「最近どう?」など副支店長から声を掛けてもらうことはほとんどない。副支店長は黙々と自分の仕事をこなすだけで会話はほとんどない。

・昔は、誕生日会やバーベキューをするなど支店内でのイベントが多くあったが、副支店長が変わって仕事の話しかしなくなった。
・副支店長が短時間勤務職員に対して不満を言う女性職員に同調して不満を言っている姿を見る。副支店長がそのような意識では短時間勤務の制度はあっても活用できない。

まとめ

できる副支店長は支店内での序列を明確に意識して支店長と接しています。支店長は支店の大黒柱であり、副支店長が支店長を立てることによって支店長を中心に支店を団結させます。
・できる副支店長は支店長を立てる
・できる副支店長は支店内の人間関係に配慮する

新たに赴任してきた支店長への対応

設問 支店長が今月末で他の支店に異動となり、来月から新しい支店長が赴任してくることになりました、副支店長として新しい支店長にどのように対応するべきでしょうか？

解答

積極的に支店長とコミュニケーションをとり、支店や職員の現状を伝えるとともに、支店長の考えを早期に理解し、配下職員に対して支店長の考えを伝えられるようにならなければなりません。

解説

副支店長として支店長の店舗マネジメントを補佐するためには、支店長に対して良い情報も悪い情報もタイムリーに漏れなく伝える必要があり、支店長と本音を言い合える関係を構築することが必要です。

さらに、支店長と他の職員との交流を促進するための歓迎会や懇親会を企画し、支店の一体感を醸成することも副支店長の重要な役割です。

Q&A 短時間勤務職員への対応

設問

短時間勤務職員Aさんは、短期共済業務を担当しています。毎日16時には帰宅することから共済業務の事務処理を最後まで終えることができずに、他の内勤職員に引き継ぐかたちで店舗内の事務処理が行われています。その結果、Aさん以外の内勤職員にかかる負担が重くなっている状況です。当該支店の支店長は地域の会合や地区の役員との関係構築のために外出することが多く、店舗内事務の管理は副支店長が任されています。

このような状況に対して副支店長としてどのように対応すべきでしょうか？

解答

副支店長はAさんが時間内に業務を終えられるように業務分担の見直しを行うべきです。その際には、各職員の業務負荷を日々観察し、他の内勤職員への聞き取りを実施したうえで、支店長と協議し業務の見直しを行うことが重要です。

解説

このような状況を長期間放置していると、フルタイム勤務の職員の中に短時間勤務職員に対して不満を持つ職員が出てくるかもしれません。フルタイム勤務の職員が短時間勤務職員に対する不満を口にするようになると、支店の人間関係が悪くなり、職員同士のコミュニケーションが阻害され、業務に支障をきたすことにもなりかねません。また、人間関係の悪さは、支店全体の雰囲気を暗くし、すぐに組合員・利用者にも伝わります。

そうなってしまうと、短時間勤務職員は働きにくさを感じ、せっかく多様な働き方を認める仕組みを導入しているにもかかわらず、実際には使えない仕組みになってしまいます。

副支店長は店舗内事務の管理を任されている以上、まずは自身が店舗内事務の流れを理解し、各職員の業務負荷を把握することが必要です。そのうえで、短時間勤務職員には極力就業時間内に終えられる業務を任せるなど短時間勤務職員が働きやすい職場環境を整えることも重要な役割です。

人材を育成する

できる副支店長の下では人が育つ

ステップ3 人材を育成する ～できる副支店長の下では人が育つ～

副支店長C（1年目）さんの本音

今までLAマネジャーをずっとやってきて、今年から副支店長です。支店内では副支店長という役割とともに融資についても担当しています。今まで融資をやったことがなかったので、副支店長として赴任してからは融資の仕事を覚えることに集中しています。融資関連の業務は件数が多かったり時間がかかったりするものが多く、副支店長という肩書はあるものの、基本的に融資の仕事だけで1日が終わってしまいます。

配下職員の育成を期待されていることはわかっていますので、配下職員をもっと褒めて認めてあげなければいけないとは思いますが、配下職員の業務を観察する余裕がなく、何を褒めればいいのかわかりません。

赴任当初は、支店長の不在時には配下職員から事務処理などについて相談もありましたが、結局は支店長が戻ってきてから支店長に聞くことしかできなかったり、自分で本部に問い合わせるように伝えていたりしたら、今は誰も自分のところには相談に来なくなってしまいました。


ノルマで強制するのではなく、仕事の成果を認めて達成感を与えることで配下職員を動かすのが副支店長の役割です。そのため、副支店長は配下職員の業務をよく観察し、成果がでれば褒め、問題があれば叱るということを繰り返し、場合によっては自らの経験を活かして、実際にやってみせることも必要です。

配下職員を褒めて認めて自律的に動くことができる職員を育成することは、「なんでできないんだ」「何をやっているんだ」と怒鳴り、強制によって配下職員を動かすことに比べ時間も労力もかかるということを意識しなければなりません。

しかし、実際には副支店長Cさんのように自らの担当業務を処理することに精一杯で、配下職員のことまでかまってられないと考えている副支店長が少なくありません。副支店長がこのような考えでは、配下職員の育成がすすむわけがありません。人材育成のすべてを支店長や本店人事部門に任せてはいけません。現場にいて一番近くで配下職員を見ている副支店長が人材育成に関する一義的な責任を負っているという覚悟を持って配下職員に接しなければなりません。

できる副支店長とできない副支店長の違いは、配下職員の将来キャリアを共有し、成長させるための指導するを力を持っているかどうかです。できる副支店長は本気で配下職員の成長を願い、根気強く配下職員と向き合って相手の成長を待ちます。目先の推進実績を達成させるだけではなく、配下職員のキャリアを真剣に考える副支店長のいる支店では職員全員が活き活きと自らの能力を発揮しているはずです。

【副支店長に期待する役割】

①配下職員を認めて成果を実感させる

②育成のために配下職員を叱る
③配下職員が納得できるまで対話する

1 配下職員を認めて成果を実感させる

褒めて自信をつけさせる

配下職員を褒めるのは、その人の能力を伸ばすためです。たしかに昔は配下職員を育成するのに「叱って育てる」という考え方が主流でした。そのため、管理職にインタビューすると「自分が若いころは、叱られはしたが褒められた記憶はない」とおっしゃる方がほとんどです。与えられた仕事はやって当然であり、できなければ厳しく叱責することで配下職員を奮起させるという考え方が当時は当たり前の発想だったのかもしれません。このような管理職は自分が叱って育てられたので配下職員にも同様の環境を与えようとします。しかし、最近では叱るだけで伸びる職員はほとんどいません。若手職員を中心に「私は褒めらて伸びるタイプですから」と堂々と口にするように、職員は「褒め」に飢えているのです。現代の副支店長は褒めない限り人は育たないというくらいの認識を持たなければいけません。

ただし、配下職員を無理して褒めることは逆効果です。副支店長が本心から褒めているのか、形式的に褒めているのかは配下職員にはすぐにわかります。形式的に褒められていると感じれば、「何か下心があるのではないか」と疑われてしまったり、「本当に褒めてほしいところは褒めてくれないので、副支店長は何も見てくれていないのではないか」とネガティブに捉えられたりするおそれがあり、褒めているはずなのになぜか配下職員の心は離れていくという状況に陥ります。副支店長は配下職員の行動を日ごろからよく観察して良いところを見つけたら、細かく、具体的に褒めることが重要です。

さらに、褒めた後に「良い結果がでたのはなぜ?」「上手くいった理由はどこにあると思う?」などと尋ねることが配下職員の育成には効果的です。配下職員の結果を認めて承認欲求を満たしつつ、成功要因の分析を通じて自らが成長する機会とすることができます。

【できる副支店長の特徴】

- 推進目標が月単位でも達成していれば「良かったね」「がんばったね」と声を掛けてくれる。

- 窓口職員の組合員・利用者対応をよく見ていて、「今の話し方は良かったね」「○○さんから信頼してもらっているね」など褒めている。
- 目標を達成したからという理由で褒めるのではなく、何が良かったのか具体的に見ていて褒めてくれるので、自分の努力が報われたと感じる。

【できない副支店長の特徴】

- 最終的に推進目標を達成したかどうかしか関心がない。達成して当然の態度であり、できなければ「何をやっていたんだ」と激しく叱責する。
- 自分の担当業務に追われて窓口での取り組みに関心はない。そのため、副支店長から褒められることはない。
- 身につけているものや外見などをわかりやすく褒めてくる。研修で褒めるように言われたのだろうが、副支店長に髪型を褒められてもはっきり言って気持ち悪いだけで嬉しくない。

成果だけではなく結果にいたる過程を褒める

配下職員の育成の観点からは、すぐには成果につながらなくても本人にとって意味がある行為であれば副支店長としてその行為を褒めることが必要です。副支店長は配下職員の声をじっくり傾聴し、「何をがんばっているのか」「何を達成しようとしているのか」、配下職員一人ひとりの状態を常に把握しておかなければなりません。配下職員にとって「自分の殻を破った」「新しい行動を起こした」など、今はまだ成果は出ていないけれど「そうやってがんばっていればいつか成果が出る」という行為に対して副支店長が気づいて褒めてあげれば、配下職員は自分のがんばりが認められたと感じてモチベーションが高まります。

実際、支店において配下職員の多くは定型業務が中心で〝華々しい成果〟を上げることは難しいです。そのような配下職員に対しては、成果を褒めるのではなく、仕事の様子をよく観察し、プロセスを細かく具体的に褒めることが大切です。半年前、一年前の業務内容と比較して改善された点を褒めると、「副支店長はいつも自分のことを見てくれている」という信頼関係の構築にもつながります。

いきなり成果だけではなく結果にいたる過程を褒めるといっても難しいと感じるのであれ

ば、最初は「ありがとう」「がんばっているね」と感謝の気持ちを伝えることから始めれば十分です。配下職員の行動をよく観察し、よくやってくれているなと感じたら「がんばっているね」と一言伝えるだけで配下職員のモチベーションは高まります。

副支店長として配下職員を褒めるときには、何をすれば褒められるのかを正確に配下職員が理解できるような言い方をしなければなりません。副支店長と配下職員の間で褒める基準が明確になれば、配下職員は安心して業務に取り組むことができるようになり、副支店長にとっては配下職員が期待する成果を出すようになります。

【できる副支店長の特徴】

- 窓口で共済推進して断られてしまったが、「見積りまでいったからすごいよ、自信を持っていこう」と励ましてくれた。
- 目標未達成の場合でも全否定せずにできている部分はちゃんと認めてくれる。そのうえで、どうしたら達成できるのか、何が苦手なのか聞いてくれて改善策を一緒に考えてくれる。
- 自分なりにがんばったことをしっかりと見ていて褒めてくれる。ちょっとした変化にも気づいて褒めてくれるので、もっとがんばろうと思う。

【できない副支店長の特徴】

- 新規契約にしか関心がなく、職員がどのような取り組みをしているかはまったく見ていない。そのため、副支店長から数字の達成状況しか聞かれない。
- 推進目標を達成できなければすべてを否定される。配下職員の育成に関心を持っているようには感じない。
- 「そんなことできて当たり前だ」とか「そんなことして意味があるのか」など配下職員ががんばったことを認めないし、ちゃんと理解していないのにとにかく否定する。

支店内に褒める習慣をつくる

人からよく褒められる人は、人をよく褒めるといわれるように、「褒め」は支店の中を伝播します。そのため、配下職員をよく褒める支店長や副支店長がいる支店は活力があり、職員同士が「すごいね」「がんばってるね」と言い合っています。この職員同士が褒めあう支店というのは、職員同士がお互いに関心を持っている支店ともいえます。相手の良いところを見つけて褒めることは、相手に関心を持っていなければできません。相手が何をがんばっているのか、言い換えれば何を褒めてほしいのかをお互いが理解しているから、「すごいね」「がんばってるね」という言葉が頻繁に飛び交う活力ある支店がつくられるのです。

褒められれば大抵の職員は嬉しいと感じます。人は自分がされて嬉しいことを人に対してもしたいと考えるものであり、よく褒められる職員は、人をよく褒めるようになるのです。

配下職員を動かして成果を出させることを目的にするのであれば、配下職員を褒めて動かすのも、叱って動かすのも成果は同じだと考えるかもしれません。たしかに短期的な行動促進のための手段としては、褒めるのも叱るのも同じような効果があり、副支店長の中には叱ってやらせるほうが楽だと考える人がいるかもしれません。しかし、「なんでできないんだ！」「すぐやれ！」と罵声が飛び交う職場と、「すごいね」「がんばってるね」と褒めあう職場のどちらで働きたいと思うでしょうか。職員が気持ちよく働くことができて長く勤めたいと思える職場をつくりたいと思うのであれば、副支店長は配下職員を褒めて育て、支店全体に褒める習慣をつくらなければならないのです。

【できる副支店長の特徴】

- 朝礼や終礼でがんばればがんばった分だけ副支店長は「ありがとう」「がんばってるね」と言ってくれるので、職員同士でも「最近、○○さんがんばってるね」というような話になるようになった。
- 副支店長が頻繁に声に出して配下職員を褒めたり、感謝の気持ちを伝えたりするので、職員間でも「すごいね」「ありがとう」など自然に褒めあうようになってきたと思う。
- 朝礼で副支店長が配下職員をよく褒める。最初は照れくさかったが、褒められると嬉しくて、またがんばろうと思う。

【できない副支店長の特徴】

- 副支店長は自分の担当業務で手一杯であり、コミュニケーションがほとんどないため、褒められることもない（配下職員に関心がない）。
- 普段から与えられた仕事はやって当然と言っており、自分なりに工夫して仕事を進めても、副支店長から褒められることはない。

・副支店長から叱られることはあっても、褒められることはない。自分は叱って伸ばす方針だと言っているのを聞いたことがある。

まとめ

褒めることで配下職員のモチベーションを高めるとともに、配下職員を正しい方向へ成長させることができます。さらに、副支店長による「褒め」は伝播し、支店全体に褒める習慣がつくられていきます。

・褒めて自信をつけさせる
・成果だけではなく結果にいたる過程を褒める
・支店内に褒める習慣をつくる

コーヒーブレイク　効果的な褒め方

褒めることが大切だといっても、なんでもかんでも褒めれば配下職員がやる気になってくれるわけではありません。副支店長は配下職員一人ひとりの性格を理解したうえで、日々の業務を観察し、効果的に褒めることが必要です。そこで、効果的に褒めるためのポイントを挙げておきますので、配下職員を褒める際の参考にしてください。

◆効果的に褒めるポイント◆

- その場ですぐに褒める

1ヵ月後に「あのときは良かった」と褒めても、配下職員は何のことだったか忘れています。配下職員の良い所（行動）を見つけたら、その場ですぐに褒めなければ効果はありません。

- 自らが確認した事実にもとづいて褒める

配下職員に対する噂や印象で褒めても、配下職員には伝わりません。配下職員の行動をよく観察し、自らが確認した「事実」にもとづいて具体的に褒めなければ効果はありません。

・配下職員の行動を褒める

配下職員が獲得した推進実績を褒めることは誰でもできます。配下職員の行動をよく観察し、目標達成に向けて配下職員が努力したこと（配下職員が褒めて欲しいこと）を褒めることが重要です。

・配下職員を公平に褒める

無意識に仲の良い配下職員だけを褒めていないか注意が必要です。褒められていない職員は特定の職員だけが褒められることを敏感に感じ取り、依怙贔屓していると感じてやる気をなくしてしまいます。配下職員全員の良い所を見つけて公平に褒めなければなりません。

・副支店長が配下職員の成果を喜ぶ

配下職員は上司の喜ぶ顔が見たいというのが真理です。配下職員が目標達成したときや配下職員の成長を実感したときには副支店長は自分のことのように喜び、配下職員を褒めましょう。副支店長の喜ぶ顔を見て配下職員のモチベーションはさらに高まります。

2 育成のために配下職員を叱る

なぜ叱るのかを理解させる

副支店長向けの研修の中で「配下職員をきちんと叱ったことがありますか?」と質問すると、多くの副支店長が「配下職員をきちんと叱ったことがない」と回答することに驚かされます。最近では、上司と配下職員が友達のような関係になっているといわれることも少なくありません。その理由は配下職員との人間関係を壊したくないと考えるあまり厳しく言えないことです。しかし、配下職員にとっては「仲が良い副支店長＝良い副支店長」ではありません。良い副支店長とは配下職員を成長させる副支店長です。副支店長が配下職員から嫌われることを恐れて必要な指導であるにもかかわらず叱ることができずにいれば、配下職員は自分の行為が誤っていることを誰からも指摘されず成長する機会を失っているということを理解しなければなりません。配下職員のためを思うのであれば、副支店長は上位者として口うるさいくらいの存在でなければなりません。

ただし、頭ごなしに叱ったり、感情的になって長々と説教したりしても副支店長の思いは配下職員には届きません。実際、副支店長が感情的になって怒鳴っている最中、配下職員は「早く終わらないかな」とその場をやり過ごそうとしていることがほとんどです。「この人大丈夫かな？完全に自分を見失っちゃってるよ」と冷めた目で見ている配下職員も少なくありません。当然、このような叱り方が続くと、配下職員は副支店長を「無視」するようになり、どれだけ副支店長が声を荒げても配下職員は聞く耳を持たないでしょう。

副支店長は、配下職員が冷静に指摘の内容を受け入れられるように「なぜ叱っているのか」を明確に伝えなければなりません。常に冷静に、配下職員のどのような行動が問題だったのか、その結果、どのような影響があったのかを丁寧に説明して、配下職員に問題行動の重要性を理解させなければなりません。

【できる副支店長の特徴】

- 自分では些細なミスだと思っていたが、副支店長からそのミスによる影響を指摘され、反省した。
- 叱る基準がはっきりしていて、「この程度でいいかな」と勝手に考え手抜きや甘えがあると厳しく叱られる。

- 自分のミスで組合員・利用者や他の職員に迷惑をかけたときには、厳しく叱られる。その際、周りがどのような迷惑をこうむったかを具体的に指摘されるため素直に反省できる。

【できない副支店長の特徴】

- 入力ミスなどがあるとぐちぐちと言い続ける。ミスした配下職員も反省しているのだから、注意した後は切り替えてほしい。いつまでも言われると副支店長の話を聞く気がなくなる。
- 何に怒り出すかわからない。職員は副支店長の機嫌を損ねないように注意して仕事をしている。
- やさしく控えめで配下職員を叱ることがない。配下職員がミスをしても副支店長が組合員・利用者に謝罪に行ってしまうので、ミスした職員が反省しない。

場所と機会を選んで叱る

配下職員のミスや不注意に気づいたときには、なるべく早く叱ったほうが良く、その場で叱るのが一番効果的です。しかし、配下職員にも面子やプライドがあり、人前で激しく怒鳴られたり、自分自身も反省している点を「こんなこともまともにできないのか！」「それでよく主任になれたな」などとくどくど注意されたりすると、自分に非があるとはわかっていてもそれを素直に受け入れられない場合があります。それがライバル視している同期の前や、自分が指導している後輩職員の前となればなおさら受け入れられません。

本人が一所懸命努力しているが思うように結果が出ず自信を失っている場合や配下職員がミスに気づいて必死で挽回しようとしているときにも、叱る前に配下職員の気持ちに配慮しなければなりません。このような場合には、その場で厳しく指導するよりも、助言という形で穏やかに諭したほうが良いでしょう。叱るときこそ副支店長が冷静になって、配下職員の気持ちに配慮するくらいの余裕が必要です。本来は、副支店長に叱られた後に、配下職員を「あんなに叱られたんだから、もっと気合を入れてがんばるぞ」と前向きな気持ちにさせなければなりません。しかし実際には、「あんな言い方しやがって、畜生、むかつくな」と副支店長に敵意を持っている配下職員や、「こんなに怒られて、私はこの仕事に向いていないんじゃないか」と後ろ向きに考えてしまう配下職員も少なくありません。

副支店長は、配下職員が副支店長の指摘を受け入れられるように、ミスした配下職員と二人きりになれる場所で叱ります。このとき、配下職員の怠惰や不注意が原因のミスについては厳しく叱ります。叱るときには、副支店長としての威厳を持って配下職員に対して厳しく接することが重要です。配下職員の機嫌を損ねると業務が円滑に回らなくなるからといって「しょうがない」「次は気をつけるように」と甘い顔をしていては配下職員はいつまでたっても成長しません。一方で、一所懸命やった結果ミスをした場合は、まずは配下職員の話を聴いて理解を示してから、本来はどうあるべきであったか叱ったほうが、配下職員は副支店長の話を受け入れやすくなります。

配下職員を叱るのは、配下職員を成長させるためです。そうであるならば、副支店長が感情的になって怒りを配下職員にぶつけるのはもってのほかです。副支店長は冷静に配下職員がどのような精神状態になっているのかを見極めて叱らなければなりません。

【できる副支店長の特徴】

・感情的に怒鳴っている姿は見たことがない。自分が叱られるときにも、内容によってその場で叱られるときもあれば、別室で個別に叱られるときもあり、配下職員の気持ちにも配慮していると思う。
- ミスしたときには、叱った後に何が問題だったかを一緒に考え、今後はこうしたほうが良いというアドバイスを必ずくれる。
- ミスがあったときは、職員一人を責めるのではなく、支店全体の責任として共有する。

【できない副支店長の特徴】
- 皆の前で大きな声で怒鳴るので、聞いているほうも気分が悪くなる。
- ミスがあると原因を確認せずに、すぐに「バカヤロー、もっと注意しろ！」と怒鳴る。若手職員などは萎縮してしまっている。
- ミスがあると全員の前で原因を報告させられる。情報共有というよりも見せしめのために辱められているとしか感じない。

褒めながら叱る

普段は成績優秀で周りから頼られているような職員がミスを犯した場合などには、「何をしてるんだ！たるんでいるんじゃないのか」と厳しく叱責するよりも「いつもの○○さんは慎重なはずなのに、どうしてこんなミスをしたのかな？」「○○さんにしかできない仕事なんだから、そこをちゃんと理解してほしい」など褒めながら叱ることが効果的です。ミスをした配下職員は悔しさと恥ずかしさで感情的になっています。普段周りから頼られているような職員ほどミスしたことに対して自分を責めています。このようなときに配下職員の気持ちに配慮せずに、そこへ追い討ちをかけるように叱っても効果はありません。

しかし、普段がんばっているからこのくらいは大目に見るかと叱るのをやめてはいけません。そのような姿勢は、他の配下職員から見ると「○○さんは成績優秀だから、機嫌を損ねないように副支店長も注意することができない」「副支店長は、数字ができている人には何も言えない」など副支店長に対する配下職員からの評価を著しく下げることになります。副支店長として叱る基準をしっかり持って、普段の業績とは関係なく叱るべきときにはしっかりと叱らなければなりません。

また、このような職員へ改善を促したい場合にも、「もっとこうしろ」と命令するのではなく、「すごく良くなったね。ただ、ここが一つ気になるね」など褒めてから助言することで、配下職員は素直に副支店長からの助言を受け入れます。

【できる副支店長の特徴】

- 頭ごなしに叱るのではなく、相手によく理解されるような話し方をしているので叱られてモチベーションが低下することはない。
- 配下職員をよく見ており、注意するときには、まずは良い所を認めてくれるので、副支店長からの注意を素直に受け入れやすい。
- 褒められた後に「こうするともっと良くなるかな」とさりげなく言われるので「そのとおりだな」と素直に思える。

【できない副支店長の特徴】

- 数字ができている渉外担当者やベテランのパート職員など、機嫌を損ねると困る職員に対しては厳しいことは言わない。

・少しでもミスがあると厳しく叱責される。「本店からの俺の評価を下げるな」と言っているようにしか聞こえず、皆聞き流している。

・いつでも「こうしろ」「やれ」と命令口調なので、素直に従う気がなくなる。

まとめ

叱ることによって配下職員に気づきを与えて改善に向けて行動させます。そのためには、配下職員が副支店長の言葉を素直に受け入れるように、副支店長が感情的になって怒りを配下職員にぶつけるのではなく、配下職員の精神状態にも配慮して叱らなければなりません。

・なぜ叱るのかを理解させる

・場所と機会を選んで叱る

・褒めながら叱る

コーヒーブレイク 効果的な叱り方

若手職員を中心に叱られ慣れていないために、叱られると心が折れる、やる気をなくすなど自らの問題と真剣に向き合えない職員が増加しています。たとえ配下職員のためにという気持ちを副支店長が持っていても、それが伝わらなければ叱る効果がありません。そこで、褒める場合と同様に効果的に叱るためのポイントを挙げておきますので、配下職員を叱る際の参考にしてください。

◆効果的に叱るポイント◆

- 人前で叱らない

配下職員にも面子やプライドがあります。人前で副支店長から叱られ辱められたと感じてしまえば、副支店長の指導を素直に受け入れることはできません。叱るときには配下職員の感情にも配慮して叱らなければなりません。

●その場ですぐに叱る

時間が経ってから「あの言動は良くない」と叱っても、配下職員は何のことだったか忘れています。配下職員に問題行動があった場合には、その場ですぐに叱らなければ効果はありません。

●自分で確認した事実にもとづいて叱る

配下職員に対する噂や印象で叱っても説得力がありません。配下職員を叱るときには、必ず自分で問題となる事実を確認したうえで叱らなければなりません。

●人格を否定しない

配下職員を叱るときに、「バカ」「能なし」「役立たず」など人格を否定するような発言は絶対にしてはいけません。そのような発言は配下職員を成長させるためのものではなく、副支店長が自分の感情を抑えられなくなったためのものであり、マイナスの効果しかありません。

・10分叱ったら、100分フォローする

誰でも叱られれば、気落ちし自信をなくしてしまうものです。副支店長は配下職員を叱ったら、必ずフォローするようにしてください。適切なフォローがあってはじめて配下職員は副支店長の指導を冷静に受け入れ、成長につなげることができます。

3 配下職員が納得できるまで対話する

配下職員の自覚を促す

農協の支店に訪問し副支店長に対してインタビューした結果、「自分の支店では配下職員が育っていない」と感じている副支店長が少なくありません。具体的に配下職員のどのような点が不満か聞いてみると、多くの副支店長が共通して挙げているのが「報告、連絡、相談をしない」「言われたことしかしない」という不満です。

配下職員に対してこのような不満を持つ副支店長に共通しているのが「報告、連絡、相談は社会人として当たり前の行為であり、いちいち指導するようなことではない」「支店長や副支店長の考えを先読みして動くのが配下職員の仕事」など細かく指導しなくても配下職員が自律的に気づいて実践してくれることを期待しているということです。

副支店長が課題に感じていることを配下職員に伝えないため、配下職員が認識している自身の課題とずれてしまっていることが少なくありません。たとえば、配下職員で自身の課題を「報告、連絡、相談をしない」「言われたことしかしない」と認識している方はほとんどおらず、ほとんどは「仕事が遅い」「ミスが多い」など自らの能力の低さを課題として認識しています。

人材育成において、本人が改善すべき課題を自覚していなければ期待する成果を上げることはできません。配下職員に「自分はこのままではいけない」「何かを変えなければならない」と自覚させて、はじめて副支店長からの指導に聞く耳を持ちます。副支店長は配下職員としっかりと対話し、改善すべき課題について共通認識をつくることが人材育成の第一歩です。

【できる副支店長の特徴】

- フィードバック面談などの際に、自分の足りない部分について具体的に指摘してくれるので、改善すべき課題が明確になる。

- 副支店長への報告が遅れたときに「上司への報告は社会人として当然のことだ」と厳しく叱られた。報告、連絡、相談が遅れるとどのような影響があるのかを説明されて深く反省した。
- 日ごろから「次はこれに挑戦しよう」「これができるようになったら一人前だ」などと言って副支店長の期待を伝えてくれる。支店に来たばかりなので具体的に指示を出してくれて助かっている。

【できない副支店長の特徴】

- フィードバック面談は、「何か困ったことある？」と聞かれるだけで、具体的に課題を指摘されることはない。
- ミスをするとあきれたような顔をするだけで叱ってはくれない。諦められているような気がしてモチベーションが下がる。
- 「問題ない」「このままでいい」と言うだけで課題を指摘してくれない。甘い言葉だけではなく成長のために厳しく指導してほしいと思う。

仕事の意義・目的を伝え、実際にやってみせる

十分な教育を受けずに副支店長になったために、「どのように配下職員に対して指導していいかわからない」と言う副支店長の声をよく聞きます。このような副支店長は、「俺だって契約が取れないときがあった。そんなときはとにかく組合員・利用者に訪問したもんだ。1日50件以上新規の飛び込みをやったことだってある…」と単なる経験談を聞かせ、それ以上質問しようとする配下職員に対しては、「あとはやる気だ」「気合だ」という精神論の話しかできなくなってしまいます。この状態では副支店長がせっかく自分の経験を糧にしてもらおうといろいろと話をしても、配下職員からは「今と昔は状況が違うのに副支店長は何も理解していない」などと不満に感じられてしまいます。

何も考えずに組合員・利用者を訪問しても契約が取れるわけではありません。ましてや、やみくもに新規の飛び込みを繰り返したところで非効率なだけです。どちらも訪問目的やターゲットを絞り込んで実践するからこそ効果がでるものであり、「お前のやる気次第だ」「と

にかく行動しろ」と訪問目的やターゲットがあいまいなまま配下職員を叱咤するだけでは指導しているとはいえません。

勘・経験・度胸でしかマネジメントできない副支店長には配下職員を育成することはできません。農協というだけで家に上げてもらい共済の話を聞いてくれ、何度か訪問すれば契約してくれる時代は終わりました。今は目的もなく組合員・利用者を訪問したところで大きな成果にはつながらないことを配下職員はわかっています。副支店長は、自らの経験を踏まえて、「こういう考えで訪問すると成果がでやすい」「こういう話をすると次の提案につながりやすい」「こういうことを知っていると組合員・利用者の反応が良い」など、「なぜこの指示を出すのか」「なぜこれをやったほうが良いのか」をわかりやすく配下職員に伝えなければなりません。そのうえで、必要に応じて自ら実践して、配下職員を納得させることも重要です。「時代が違う」「組合員・利用者が違う」と言い訳する配下職員に対しては、やってみせることが効果的です。時代や組合員・利用者が変わっても仕事の意義や目的は変わらないことを副支店長が行動で示してください。

【できる副支店長の特徴】

●指示を出すときには「何のために」という点を丁寧に説明してくれるので素直に受け入れやすい。

●やる気や熱意といった精神論ではなくプロセスを重視しており、いつ、誰に対して、何をするのかを具体的に一緒に考えてくれる。

●同行訪問して融資推進を実際に見せてもらっている。押し売りという感じをまったく出さずに、最後にはしっかり提案している。

【できない副支店長の特徴】

●相談しても過去の自慢話や武勇伝ばかりで、使えるアドバイスはない。

●成果がでないのはやる気がないからといわれる。一所懸命やっているつもりなのにモチベーションが下がる。プロセス重視といいながら、結局成果しか見ていない。

●同行推進しても頼りにならないため、一緒に行こうと思わない。推進については自分のほうが得意なので副支店長に相談する気はない。

指導方法を使い分ける

副支店長は配下職員一人ひとりの成長段階を見極めて、それぞれにあった対話をしなければ効果的な人材育成はできません。効果的な人材育成の方法として、気づきを与える質問によって配下職員に考えさせるというコーチングが重要だという話をよく聞きますが、自分が何をしたら良いのかわかっていない配下職員に対して、いくらコーチングを行っても自ら考え行動するようにはなりません。コーチングは、ある程度成長した配下職員には有効ですが、すべての職員に対して有効なわけではありません。割合でいえばコーチングによって自律的に行動できるようになるのは上位2割程度です。残りの8割は「何をしたら良いのか」を丁寧に教える（ティーチング）を優先しなければなりません。

たとえば、「この仕事は金曜日までに仕上げてほしい」という指示だけで、締め切りから逆算し、スケジュールをつくって行動できるのは上位2割です。残りの8割は、「この仕事は金曜日までに仕上げてほしい。そのためには、今日は○○をやって、明日は○○をやる必要があるね」と細かく指示しなければ金曜日になって仕事が終わってないことが発覚し、対応に追われることになります。逆に上位2割に細かく指示を出してしまうと、「副支店長の指示通りにやれば良いのだ」と受け取られ、自ら考えることを放棄した指示待ちの配下職員をつくることにもなりかねません。副支店長は配下職員一人ひとりの成長段階を見極めた人材育成が求められます。

【できる副支店長の特徴】

- 新人や経験の浅い職員については、やり方を見せるだけではなく直接的な指示・指導をしている。
- 以前は細かく指示されていたが、最近はざっくりした指示に変わってきた。信頼されているのかなと思う。
- 主任と自分とで指示の出され方が違う。配下職員の能力を見て指示の出し方を変えているのだと思う。

【できない副支店長の特徴】

- 「期日までにやっておくように」と言うだけで、細かい指示を出さない。新人や経験の浅い職員はそれだけでは動けないため、他の職員がフォローすることになる。

- すべて自分で考えないと気がすまない性格で、何をするにも細かい指示がでる。自律的に行動しろと言われても、配下職員に考える余地はない。
- 「なぜ」「なぜ」「なぜ」と5回聞いてくるが、それがわかっていたら苦労はしない。どうしたらいいかわからなくて聞いているのだから、「なぜ」をもっと考えろというだけではなく、一緒に考えてほしい。

まとめ

配下職員を指導するうえで不可欠なのがコミュニケーションです。「黙って指示に従え」「背中を見て理解しろ」では限界があります。「なぜそれが必要なのか」「これをやる目的は何か」を十分に説明することが必要です。

- 配下職員に自覚を促す
- 仕事の意義・目的を伝え、実際にやってみせる
- 指導方法を使い分ける

Q&A 先輩職員に責められ自信をなくしている配下職員への対応

設問

若手職員Aさんは事務処理のスピードが遅く、先輩職員Bさんから毎日のように強く注意され自信を失っています。しかし、Aさんの仕事は正確でミスがほとんどありません。このような場合に、副支店長としてAさんに対してどのように対応するべきでしょうか？

解答

副支店長として、まずは仕事は正確性が第一であり、ミスがないのはすばらしいことだとAさんの仕事を褒めます。そのうえで、どのようにすれば業務効率を改善できるのかをAさんと一緒に考えてください。

解説

人材育成の基本は褒めることであり、まずは自信をなくしているAさんの良い点を褒めることが大切です。

しかし、事務処理のスピードが遅く他の職員に迷惑をかけているようであれば、Aさんを問題に向き合わせ、どのようにすれば解決するのか一緒に考え、今後の改善につながるように助言・指導をしなければなりません。そのうえで、最後にAさんの正確な仕事を再度褒めて、「Aさんならできる」「Aさんにしかできない」という言葉で今後も戦力として期待していることを伝えてください。

また、Bさんの指導方法に問題はないかを冷静に判断し、必要に応じてBさんに対しても後輩職員に対する指導方法について助言・指導することも必要です。

Q&A 同じミスを繰り返す配下職員への対応

設問 新人LのAさんは、何度注意しても共済関係の書類で同じ間違いをしています。内勤職員からの苦情もあり、副支店長が直接Aさんに書類の記載方法を指導していますが、指導して三日もするとまた元にもどってしまいます。このような場合に、副支店長としてAさんにどのように指導すれば良いでしょうか？

解答 何度注意しても改善しないからと諦めてはいけません。副支店長は、間違いがあるた

びにAさんを根気強く指導し、間違いの原因を本人に考えさせるとともに、同じ間違いを繰り返さないための具体的な改善策を講じることが必要です。

解説

何度注意しても同じ間違いを繰り返す職員は、間違いの原因を理解していないため、叱られた時だけ落ち込んで直すものの、また同じ失敗を繰り返します。同じ間違いを繰り返す職員に対しては、本人に「何が間違えているのか」「間違えた原因は何か」を考えさせることが重要です。副支店長が答えを教えることは簡単ですが、本人に間違いを繰り返す原因を考えさせたうえで、改善策を提案させなければなりません。

このとき、改善策は抽象的なものではなく具体的な方法を考えさせなければ意味がありません。たとえば、「間違えないように慎重に伝票を記入する」というような改善策ではまた同じ間違いを繰り返すだけです。同じ書類をいつも間違える職員には「記載例やチェックリストを用意して、必ずそれを見て記入する」など具体的な改善策を用意して、間違いがなくなるまでは副支店長が実践状況をチェックします。

また、叱るときには、間違えているという「事実」を叱り、Aさんの「人格」を否定するような発言を避けなければなりません。副支店長が感情的になって怒れば怒るほど、Aさんのモチベーションが下がったり、Aさんとの人間関係が悪くなったりするだけで、肝心の行動が変わることはありません。指導書等を作成し、本人に自ら考えさせ、今後の行動を記入してもらうことにより、記憶ではなく記録を残し人材育成に活用することができます。

店舗内事務をサポートする

できる副支店長は店舗内業務を主導する

ステップ4

店舗内事務をサポートする
～できる副支店長は店舗内業務を主導する～

副支店長Dさん（3年目）の本音

　渉外担当者を経験した後、生活課を経て副支店長になりました。若い頃は渉外担当者としての成績も結構良かったんですよ。ただ、その後に配属された生活課でのキャリアが長くなって、副支店長になったのは最近のことなんです。私としてはずっと生活課のまま定年まで迎えたかったのですが、本店の言うことだから仕方のないことだと思って副支店長の仕事もなんとか頑張っています。

　でも最近の若い人たちと違って新しいことを覚えるのは苦手です。特に店舗内事務については今までやったことがないし、覚えなければいけないことばかりで私の歳では結構辛いんですよ。正直定年まで2年ちょっとだし、事務のことは若い子に任せようと思っているんです。私の歳なら皆もわかってくれるでしょうし・・・。

副支店長は支店長不在時に支店長の代わりとして事務書類に押印する必要があり、書類に不備があれば指摘し、内部牽制を働かせなければなりません。加えて、副支店長は事務レベルを向上させるために配下職員を指導する役割も担っています。そのため、Dさんは当然に店舗内事務を理解していなければなりません。

それにもかかわらず、Dさんは自分の歳を理由に副支店長としての役割を全うすることを放棄しています。副支店長になったのは最近のことだと感じていますが、既に3年が過ぎています。3年もあれば、苦手ながらも覚えようという意識を持って本気で取り組んでいれば、内部牽制を働かせるために十分な知識が身につくはずです。もし店舗内事務を理解できないのであれば明らかに能力不足であり、副支店長としての職位につくべきではありません。

また、Dさんのように定年間際に副支店長になった場合、支店長を目指すこともなく副支店長の仕事をただこなすことで毎日を過ごしているケースが少なくありません。しかし、Dさんにとっては定年までやり過ごすための2年でも、配下職員にとっては成長のための大切な2年です。特に新入職員にとっては最初の2年に受ける教育がその後の能力開発や仕事観の形成に大きな影響を与えます。店舗内事務を理解していない副支店長は、自分の役割を全うしていないどころか、組合の大切な資産である人材に悪影響を及ぼしているということを今一度理解しなければなりません。

【副支店長に期待する役割】

①事務処理について配下職員の相談相手になる
②支店全体の目線で店舗内事務に向き合う

1 事務処理について配下職員の相談相手になる

事務を理解しようとする姿勢が見える

配下職員は副支店長が必ずしも窓口業務を経験せずに副支店長に就任していることを知っています。そのため、副支店長就任当初は「副支店長になったばかりで、いろいろ覚えることが多くて大変だろう」と気を遣ってくれるかもしれません。しかし、副支店長自身がこの気遣いに甘えて、いつまで経っても店舗内事務が苦手なままであるうえに、店舗内事務を理解しようとする姿勢すら見えないのであれば、配下職員からはいつの間にか「副支店長は事務をまったく理解していない」「事務を覚えようとしていない」などと冷ややかな目で見られます。

副支店長である以上、融資担当やLAマネジャーという意識は捨てて、支店の責任者の一人として店舗内事務について理解しなければなりません。実際、今までまったく店舗内事務を経験してこなかった副支店長が、一年後に窓口職員より事務のことに詳しくなっているというケースは少なくありません。そして、自ら店舗内事務を勉強し、どんどん知識をつけていく副支店長に対して、配下職員は絶大な信頼を置くとともに自分も副支店長を見習ってもっと頑張らなければならないとモチベーションの向上にもつながります。

配下職員は副支店長が事務を理解しようする姿勢があるかどうかについて、日頃の業務の中ですぐに見抜きます。配下職員が事務処理について副支店長に相談すると、事務を理解する気のない副支店長は「それは自分の担当業務じゃないからわからない」「そんなことは自分で解決してくれ」などと言い、配下職員からの相談に親身に乗ることはありません。配下職員はこのような副支店長の態度を見て、副支店長に相談しても意味がないと見切りをつけて二度と相談には来なくなるでしょう。

大切なのは事務を理解しようとする姿勢を持つことです。事務の知識が足りなくても配下職員からの相談に対して他人事と思わずに親身になって対応し、わからないことは一緒に学ぶ姿勢を続けていれば自然と事務処理も身につき、配下職員から頼りにされるようになります。

【できる副支店長の特徴】

- 渉外担当者出身で伝票の書き方くらいしかわかっていなかったが、副支店長として支店に来てから一年で店舗事務を覚えていろいろ知っている。業務に前向きに取り組む姿勢がすごいと感じる。
- 相続について自分でマニュアルを見て勉強し、組合員・利用者からの相談に対応をしている。
- ローンセンターから来たため事務処理についてあまり詳しくなかったが、自分で勉強して、今は共済の設計書や記入書についても理解している。

【できない副支店長の特徴】

- 副支店長は融資のことは融資課、貯金のことは事務リーダーに聞いている。その場をやり過ごすために聞くだけで覚えようとしないので何度も同じことを聞いてくる。
- 相続など複雑な手続きに関しては支店長任せで自ら対応する気がない。支店長不在時に組合員・利用者から相談があっても、支店長が戻ってから回答しますといって調べようともしない。

・副支店長が共済の事務についてたまに聞いてくることがあるがあまりにも低レベルなことを聞いてくるので事務をもう少し理解すべきと思う時がある。

事務の流れとその目的を理解し事務処理の不備を指摘する

支店のナンバー2として店舗内事務を管理する立場にある副支店長が事務処理の流れを理解することは当然です。さらに、配下職員に対する指導的立場にある副支店長は、リスク管理の観点から配下職員に事務処理の目的を正しく理解させなければなりません。配下職員から「こんな面倒で手間のかかる処理がどうして必要なのか」「本店は現場のことを理解せずに、手間ばかり増やしてくる」といった不満が出た時に、事務処理の目的を副支店長自身が理解していなければ「本店が言っていることだから仕方がない。大変だと思うがやってくれよ」とその場をやり過ごすだけの声掛けをして終わってしまいます。一方で、きちんと事務処理の目的まで理解している副支店長の場合は、正確な事務処理を怠ったために不祥事が発生した事例を紹介しながら事務処理の必要性を説き、配下職員が知らずのうちに不祥事を起こしてしまうことを防ぐことができます。副支店長自身が事務処理の目的を理解していなければ配下職員に対し正確な事務処理を行うことの大切さを教えることはできません。

【できる副支店長の特徴】

- 「書類の書き方はこれで良かったかな？」とか「ここは印鑑いるんだっけ？」という質問を受ける。質問内容から、業務内容を理解していると感じる。
- 事務処理に詳しく、なぜそのようなルールができたのか、なぜその処理をしなければならないのかまで理解している。
- 基本的な流れを理解したうえで、わからないことは配下職員に確認し、事務処理に不備があれば的確に指摘している。

【できない副支店長の特徴】

- 事務処理について副支店長に質問しても的確な回答が返ってこない。わからないことを本店に確認しようという姿勢もないので、副支店長に対しては質問するのをやめた。
- 事務処理のルールが変わった際に、なぜ変わったのか副支店長に質問したが「本店の指示だから」という回答で済まされた。

- 副支店長に検印を回すこともあるが、数字の一致だけを見てチェックしているように感じる。指摘などはされたことがない。

イレギュラーな事務処理を解決する

業務を行っていれば必ずイレギュラーな取引や高難易度の案件が出てきます。通常の事務処理については副支店長より詳しいベテラン職員でも、非定型的な取引については上位者の助けを必要とします。配下職員にとっては、「後ろに副支店長がいるという安心感」によってイレギュラーな取引や高難易度の業務が発生した場合にも、「嫌だな」「面倒だな」といった気持ちになることなく事務処理に集中することができます。

組合員・利用者にとってもイレギュラーな案件をお願いすることは気が引けるものです。そのような事務処理を気持ち良く引き受けて、軽快に処理する職員を見て組合員・利用者は農協の専門性に対して信頼を高めます。配下職員が臆することなくイレギュラーな取引や高難易度の案件も実行できるように副支店長がサポートしてください。

副支店長は配下職員から相談を受けて、一緒に考え指示を出したり、案件の難易度によっては副支店長が自ら担当窓口となって支店長や本店へ事務処理を確認し、組合員・利用者へ対応します。このとき注意してもらいたいことは、配下職員は副支店長に完璧さを求めているわけではないということです。もちろん、相談してその場ですぐに答えられることが理想ですが、副支店長も答えがわからなければ配下職員と一緒に考えながら解決方法を探しても良いのです。それでもわからなければ支店長や本店に確認し、解決することが重要です。くれぐれもあいまいな理解のまま独断で判断し組合員・利用者に迷惑をかけることがないようにしなければなりません。なんでもかんでも支店長や本店に確認しないと進められない副支店長では困ります。しかし、相談内容を十分に理解していないのに、「いいんじゃないか」と勝手に判断することはもっと困ります。

副支店長が支店長や本店と連携し、イレギュラーな取引や高難易度の案件を適切に処理していく姿を見て、配下職員はこの人が後ろに入れば安心だと感じ、副支店長を信頼していくのです。

【できる副支店長の特徴】

●支店内で考えてもわからない手続きや処理を本店に聞いてくれる。そのうえで、結果を内勤職員にもわかりやすく説明してくれるので、支店の事務レベルは上がっていると思う。

●お客さんからの相談で今まで対応したことがない内容だったので困っていると、いろいろと教えてくれたり訪問に同行してくれるなどサポートしてくれる。

●相続など手続きが複雑な案件になると、すぐに窓口に出てきて対応してくれる。窓口の状況をよく見ていて、自分が対応すべき案件と配下職員に任せるべき案件を適切に判断している。

【できない副支店長の特徴】

●わからないことがあっても配下職員に本店に確認させているし、マニュアルを読んだりする姿は見たことがない。

●これまで対応したことのない案件などには「それは無理」「できない」とすぐに判断する。しかし、組合員・利用者の要望に応えたいと思い本店に確認すると「やっても問題ない」

処理であることも多い。

- 複雑な事務への対応について配下職員が困っていても自分からサポートすることはない。

まとめ

できる副支店長は事務処理に関する配下職員からの相談に真摯に対応しており、配下職員が事務処理についてわからないことがあれば、第一に相談するのが副支店長という関係になっています。

- できる副支店長は事務を理解しようとする姿勢が見える
- できる副支店長は事務の流れとその目的を理解し事務処理の不備を指摘する
- できる副支店長はイレギュラーな事務処理を解決する

2　支店全体の目線で店舗内事務に向き合う

事務の繁忙状況を調整したり自ら窓口をサポートする

窓口業務では一日の中で必ず組合員・利用者の来客数が増える時間帯があります。忙しい時間だけ勤務してくれる非正規職員を雇うことができればその悩みは解消できますが、なかなかそうはいきません。

窓口の職員は組合員・利用者が増えて待ち時間が長くなってくると焦りを感じ、少しでも早く事務処理をしようと努力しますが、一人の力では限界があります。そこで、副支店長は支店全体の最適化のために支店内の体制や仕組みの改善策を考え支店長に提案しなければなりません。役職者という立場で支店を動かす力を持っていて、かつ、窓口を最も近くで見ている副支店長だからこそできる役割です。

副支店長は自分の担当業務のことだけではなく、支店全体を俯瞰し、信用窓口と共済窓口の人数は適切かどうかといったことや、共済窓口の職員が状況によって担当ではない信用窓口もフォローする必要が出てくるのであれば、どちらも担当できるよう配下職員を教育する体制をつくるなど、改善策を考えて支店長に提案しなければなりません。

それでも窓口の混雑を解消することができない場合には副支店長が自ら窓口に出て組合員・利用者対応をすることも必要です。窓口が混雑してきて電話が鳴り響いていても窓口職員は誰も電話を取ることができないなか、窓口の後ろで淡々と融資の手続きを進めている副支店長に対して配下職員はどう感じるでしょうか。配下職員は副支店長も窓口に出てほしいと感じながらも、自分よりも上の副支店長に対してなかなか言い出しにくいものです。そのため、副支店長は窓口の繁忙状況を見て、配下職員から言われなくても自ら窓口業務をサポートしなければなりません。

窓口の繁忙度を改善すると苦情・クレームを減らすことも期待できます。待ち時間が長くなると組合員・利用者のフラストレーションが溜まり、窓口に通された時には既に機嫌が悪く、職員の些細な態度や事務手続の量が苦情・クレームにつながることも多くなります。組合員・利用者のことを第一に考えるのであれば、「窓口は窓口職員の仕事」と店舗の都合で区切りをつけるのではなく、混雑している状況を放置せずに副支店長が臨機応変に窓口に出てサポートすることが大切です。

【できる副支店長の特徴】

●窓口が混んでくると自ら前にでてきて対応してくれる。休みの職員がいる場合は、締め作業まで手伝ってくれる。

●ベテランが抜けて新人が入った時に支店が回らないという状況があったが、業務が安定するまで副支店長が積極的にサポートしていた。

●副支店長は電話を取ってくれるし、窓口につなぐだけではなく、自分で調べて回答して完結してくれる。

【できない副支店長の特徴】

●副支店長が窓口に出てフォローしてくれることはない。呼べば来てくれるが、何回か呼ばないと来てくれない。副支店長が融資を担当している組合員・利用者が来た時にも気がつかないので、日頃からもっと前に出てきてほしいと思う。

●基本的には配下職員からお願いすることが多く、お願いしないとやってくれない。間違えることが不安なのかもしれない。

● 組合員・利用者が集中する時間帯は窓口職員だけでは対応できないが、副支店長は自らも窓口に立ち店舗内事務をサポートする姿勢がなければならない。

勉強会などを開催し事務レベルの底上げを図る

配下職員の指導・育成は副支店長の役割ですが、若手職員の教育指導係は係長や事務リーダーなどの先輩職員が担当します。副支店長に求められるのは個々の職員に対する指導だけでなく支店職員全体の事務レベルを底上げすることです。事務リーダーが本店で研修を受けてきた時には研修内容を支店職員全員に共有する場を設けたり、窓口推進を強化したいのであれば共済の仕組みに関する勉強会を開催したりします。勉強会などの場を設けて勉強する機会を配下職員に提供することが主な役目ではありますが、開催だけ決定してあとは配下職員に丸投げになってしまっては配下職員から迷惑がられるだけですので、開催に向けて十分なサポートも怠ってはいけません。

副支店長は内勤職員の事務レベルはもちろんのこと、渉外担当者の事務レベルも向上させなければなりません。渉外担当者が店舗内事務を理解していないと、記載不備のために何度も組合員・利用者のお宅を訪ねる手間が増えたり、異例取引と知らずに組合員・利用者の要望に応じるままに契約を取ってくるために内勤職員の事務負担が過大になるなど、店舗内事務の効率性と正確性を害するおそれがあります。これらを防ぐためにも渉外担当者はある程度の事務処理については理解していなければなりません。そのため、まずは副支店長は渉外担当者に店舗内事務を理解することの大切さを説いてください。具体的な事務処理の改善点は大抵内勤職員に聞くと教えてくれます。副支店長は支店の潤滑油の役割も担っていますので、窓口職員が渉外担当者に望んでいる改善事項を副支店長が渉外担当者に上手に伝えるといった橋渡しの役目を担うことも必要です。

【できる副支店長の特徴】

- 支店内での勉強会を率先してやってくれている。窓口での共済推進方法や共済商品を勧める際のポイントを教えてくれる。
- 共済に関する事務に精通しており、組合員・利用者からの相談で対応に困ると同行してしっかり説明してくれるので勉強になる。

- 渉外担当者ごとに事務処理の流れがバラバラだったので統一してもらうよう副支店長からお願いしてもらった。

【できない副支店長の特徴】

- 副支店長が勉強会を開催してくれたことはない。
- 渉外担当者に対して事務処理の話をすることはない。
- 渉外担当者本人はきちんと処理していると感じているようだが、実際は手続き漏れなどがある。副支店長には伝えているが現状直っていない。渉外担当者に伝えてくれたのか、伝えてくれていないのかわからない。

事務ミスの発生原因を探り改善策を考える

内部監査で指摘事項が発生した場合、指摘された事務ミスを起こした配下職員一人にだけ指導しても、その事務ミスを知らない他の配下職員が同じミスを繰り返してしまい次の年にまた同じ指摘を受けてしまう場合があります。そのため、内部監査の指摘事項は渉外担当者も含めた支店職員全員に共有しなければなりません。配下職員への共有は支店長が朝礼や終礼で全員に共有することが多いかもしれませんので、改善状況のフォローについては副支店長が行うなど役割を分担すると良いでしょう。

指摘事項の中には支店長が周知徹底することで解決する事項と、店舗内の体制や事務の流れの抜本的な見直しが必要になる事項があります。抜本的な見直しは配下職員一人ひとりの力では改善しきれないものです。そこで副支店長が主導して改善に向けた取り組みを実施します。指摘事項となってしまった原因を追究し、改善策を考えて支店長に提案し、支店長の承認をもらえれば配下職員に新しい仕組みを説明して実行を促します。

抜本的な見直しなどと聞くと、高度なことは自分には考えられないと思う副支店長もいらっしゃるかもしれませんが、たとえば〝書類の保管場所を間違えたために以後の手続きが進まずに放置されてしまい、組合員・利用者からの問い合わせで処理漏れが発覚した〟という案件に対して、副支店長が書類の分類方法が曖昧なことが原因であることを追究し、書類の分類を正確に行うための整理棚を設置するよう支店長に提案し、整理棚設置後の分類方法を配下職員に説明して運用を促したという事例があります。小さな改善の積み上げが支店の事務レベルを高めると考え、粘り強く対応してください。

また、ファイルに綴じなければならない書類をファイルに綴じていなかったために内部監査で指摘事項として指摘されたケースでは、副支店長自ら指摘されたその場でファイルに綴じていき改善し、終礼で指摘事項と対応策を共有したという事例もあります。ファイルを綴じるなんて配下職員にやらせれば良いと感じた副支店長もいらっしゃるかもしれませんが、配下職員も忙しいですし、何より指摘事項に対して即座に自ら対応する姿勢を見て、配下職員は指摘事項を改善することの重要性を肌で感じるはずです。

【できる副支店長の特徴】

- 指摘事項に関する資料をよく読み、本店に確認し担当と議論しながらより良い方法を探している。
- 定期積金契約の際に本人確認書類を起票していない事例を指摘された時に副支店長を中心に改善に取り組んだ。
- 前の支店はこうだったからこうしたら良いと、他支店の事例を用いて指導してくれるので改善に向けた取り組みがイメージしやすい。

【できない副支店長の特徴】

- 副支店長が店舗内事務の効率性と正確性向上のために行動しているところを見たことがない。
- 内部監査の指摘があり、改善するよう促しているものの、発生原因までは追究していないのが現状のため同じ過ちが発生する可能性もある。
- 指摘事項一覧を配下職員に配布して終わり。具体的に運用改善を図るのは事務リーダーであり、副支店長は気をつけるよう伝えるのみである。

まとめ

できる副支店長は支店全体を俯瞰して、店舗内事務に向き合い、支店全体の事務レベルを向上させています。日頃から支店内の事務の繁忙状況や事務ミスの発生状況を常に意識し、支店レベルで体制や仕組みの改善に取り組むことが副支店長の役割です。

- できる副支店長は事務の繁忙状況を調整したり自ら窓口をサポートしたりする

- できる副支店長は勉強会などを開催し事務レベルの底上げを図る
- できる副支店長は事務ミスの発生原因を探り改善策を考える

店舗内事務に自信がなく指摘できない副支店長

設問

パート職員のAさんは現金精査する際に、本来であれば上席者Bさんの立会の下で行う必要があるもののBさんのことが苦手で話しかけたくないため、Bさんに声を掛けることなく決まった時間になると一人で勝手に数えています。一方、Bさんも忙しいことを理由に現金精査に立ち会おうとせず、精査終了後にAさんがBさんの机の上に置いていった現金精査表を見て計算間違いがないことだけを確認して押印しています。

副支店長のCさんは、Aさんが一人で現金精査を行っていることは知っていて何となく危ないと思っているものの特にAさんに対して注意することはありませんでした。

副支店長Cさんは、本来どのように行動するべきでしょうか？

解答

店舗内事務の流れを把握し、配下職員の事務手続に疑問を感じたときは配下職員に質問しなければなりません。

解説

副支店長は事務手続の流れを把握・管理しなければなりません。副支店長が事務手続を配下職員に任せきりにしてしまうと牽制機能が働かず、異常な取引を適時に発見できずに大きな不祥事の発生につながる恐れがあります。また、自分が店舗内事務に対して苦手意識を持ち、パート職員の不良行為を注意・指導できないようでは、職員の事務レベルを向上させることはできません。

そこで、副支店長としては「なぜ一人で現金を数えているのか?」「なぜだれも立ち会わないのか?」と質問するべきです。事務手続違反だということを認識していた場合には、それを理由にAさんとBさんを注意・指導し、事務手続を遵守させる必要があります。

忙しすぎる窓口への対応

設問

A支店では共済担当の窓口職員が2人、貯金担当の窓口職員が2人の計4名で窓口業務にあたっています。他の支店に比べて組合員・利用者の来店数が多く、窓口はいつも混み合っています。ここ最近は電話が鳴っても窓口職員は窓口で組合員・利用者対応をしているため、電話を受けることができず、電話が鳴り響いている状態が続いています。このような支店の状況を改善するために副支店長はどのように対応すべきでしょうか?

解答

副支店長は支店内の繁忙状況を読み取り、窓口体制の見直しや、自ら窓口に立ったり事務のサポートを実施することが必要です。

解説

副支店長は支店内の繁忙状況を読み取ることが必要です。そのうえで、共済窓口が混み合っている時は信用窓口の職員を一時的に共済窓口のサポートにあたらせるなど、状況に応じた流動的な対応を行うことが求められます。

窓口体制を見直してもなお繁忙状況が続く場合は副支店長自ら窓口に立って組合員・利用者対応をしたり、事務のサポートをしてください。サポート役は配下職員に頼まれて実施するのではなく、繁忙状況を見て自ら出て行くことを心掛けて下さい。また、内部事務には窓口や電話応対だけではなく、伝票記入、端末操作など様々な業務があります。状況に応じて、その時々の弱いところを補う行動をすることが副支店長の役割です。

支店を利用する組合員・利用者にとっては副支店長も窓口職員も同じ農協職員です。副支店長という役職にとらわれず、組合員・利用者が気持ち良く支店を利用していただくためにはどのような行動を取るべきかを考えて行動しなければなりません。

苦情·クレームに対応する

できる副支店長は
苦情·クレームをきっかけに
支店を強くする

ステップ5

苦情・クレームに対応する
～できる副支店長は苦情・クレームをきっかけに支店を強くする～

副支店長Eさん（5年目）の本音

この支店では苦情・クレームへの対応は基本的には窓口職員の仕事です。担当窓口職員が困っていれば、まずは事務リーダーが助けて、それでもダメなら支店長が出て行くことが多いです。

支店長が不在の時は私も対応しています。配下職員がもうダメだってタイミングで私に助けを求めに来ます。ただ、私は組合員・利用者には責任者不在ということをお伝えしてお引き取りいただいて、後で支店長からフォローしてもらうようにしています。支店の最終責任者は支店長ですから私が勝手に判断して対応したり、いい加減なことは言えません。組合員・利用者の立場としても、一番偉い支店長が出てきてくれたほうが嬉しいんじゃないでしょうか。
直接組合員・利用者の対応をする機会は少ないですが、その日に起きた苦情・クレームは支店長が終礼で職員に共有してくれるので支店職員として私もきちんと把握しています。基本的にここの支店で発生する苦情・クレームは同じような内容なので、苦情・クレームへはすばやく対応できるようになってきています。

准組合員の増加に伴い組合員・利用者の農協に対する期待は高度化・多様化しています。特に接客に対する要求水準は年々高まっており、組合員・利用者の誤解やわがままといえる要求も存在するため、どんなに丁寧に商品・サービスを提供したとしても苦情・クレームは発生します。そのため、大切なのは苦情・クレームをゼロにするために組合員・利用者の要求すべてに応えようとすることではなく、発生した苦情・クレームに真摯に向き合って、組合員・利用者のために何ができるかを考える姿勢です。たとえ理不尽な苦情・クレームでも組合員・利用者の声にしっかりと耳を傾けることが必要であり、その時の対応姿勢がその後の関係に重大な影響を及ぼすことを理解しなければなりません。

副支店長は支店のナンバー2であり役職者です。苦情・クレームが発生した場合、まずは担当職員が対応しますが、副支店長は配下職員の様子を見て、対応方針の検討・指示をしたり、状況に応じて自ら対応することが期待されています。そのため、副支店長Eさんのように「事務のことは事務リーダーが詳しいから」とか、「支店の責任者は支店長だから」と理由をつけて苦情・クレーム対応から逃げてはいけません。

そのうえで、副支店長は苦情・クレームから「学ぶ」ということを意識しなければなりません。苦情・クレームを支店を改善するための貴重な意見と捉え、支店の改善に努めることで組合員・利用者にとって気持ちの良い支店をつくることができます。

できる副支店長とできない副支店長の違いは、苦情・クレームに対して率先して対応しているかどうかです。できる副支店長は常に窓口職員の様子を気に掛けタイミングよく窓口職員をサポートをします。そして、苦情・クレームが発生した原因を探り、支店体制の改善に努めます。

【副支店長に期待する役割】

①苦情・クレームに率先して対応する
②苦情・クレームを未然に防ぐ
③苦情・クレームをきっかけに支店をレベルアップさせる

1 苦情・クレームに率先して対応する

副支店長が率先して対応し、支店長は最後の砦

苦情・クレームが発生した場合、副支店長は役職者として対応にあたらなければなりません。支店長は最後の砦として考え、できるだけ副支店長のところで苦情・クレームを解消できると良いでしょう。

苦情・クレーム対応には店舗内事務の知識、組合員・利用者への対応力、状況に応じて最も適切な行動を取るための冷静な判断力など様々なスキルが必要です。そのため、まだ経験が浅い職員にとっては組合員・利用者が大きな声を出すこと自体に恐怖心や焦りを感じてし

まい適切な苦情・クレーム対応ができなくなることもあります。苦情・クレームに適切に対応した経験は配下職員を成長させますが、経験の浅い職員を突き放して一人で対応させてしまうと、上手く対応できない職員は副支店長から丸投げされた、副支店長は逃げたと感じてしまい、成長どころか副支店長に対して不満を感じます。実際に無理に対応させたことで、配下職員のやる気が減退したり、ひどいときにはメンタルを壊してしまうということもあります。

苦情・クレーム対応を配下職員に任せる場合にも副支店長は組合員・利用者の様子と配下職員の能力を考慮して適切なタイミングでサポートに入ることができるように経過を注意深く観察しておかなければなりません。たとえ組合員・利用者が大きな声を出していなくても、窓口対応に明らかに時間がかかっていたり、険悪なムードが漂っているなどの異変を副支店長は敏感に感じ取り、配下職員だけでは対応しきれないと感じたときには即座に窓口に出て対応を引き継がなければなりません。配下職員に助けを求められてから異変に気づきサポートに入るのでは遅すぎます。様子がおかしいと感じた時は、近くに行って状況を確かめるなどして常にサポートに入ることができるようにしておきます。

【できる副支店長の特徴】

- 苦情・クレームになりそうな時、窓口が助けを求めるよりも先に副支店長がすぐに出てきて対応してくれる。
- 副支店長自らお客様の宅先に伺い、事情を説明して納得いただき謝罪したうえで必要な書類を頂いてきてくれるなど、副支店長だけで苦情・クレームが収まることがある。
- 窓口で苦情・クレームがあれば積極的に出てきてくれる。振込詐欺の疑いがある時は本人確認や引き出し理由などをお客様に確認しているが、手続の煩雑さを感じたのか苦情・クレームを言われたとき、副支店長はすぐに出てきて手続が必要な理由を説明してくれるなど対応してくれた。

【できない副支店長の特徴】

- 初期対応は事務リーダーが対応し、その後支店長が対応する。副支店長が矢面に立つことはない。
- 苦情・クレームが発生した際には支店長が対応してくれる。支店長不在でも副支店長は職員が呼びに行かないと出てこない。

- 副支店長と窓口の席は近いため苦情・クレームの内容は聞こえているはずなのに、一から説明しないと対応してくれない。

支店長にタイムリーに報告する

苦情・クレームが発生した場合、副支店長が解決した案件でも支店長に必ず報告しなければなりません。しかし、配下職員のミスを庇おうとしたり、自分のミスを隠そうとして支店長に苦情・クレームを報告しないという話を聞くことがあります。支店長は支店を運営する役割を担い、副支店長は支店長に対して支店運営の意思決定に必要な情報を過不足なく提供するという役割を担っています。苦情・クレームという支店運営にとって重要な情報は漏れなく支店長に報告しなければなりません。

副支店長は苦情・クレームを速やかに支店長へ報告し、対応方法についての指示を受けます。報告時に発生原因や改善策の提案までできればベストですが、時間を要すのであれば、まずは発生した事実と実施した対応について簡潔に報告します。副支店長が対応する場合であっても、発生した事実は遅滞なく支店長に報告しなければなりません。

苦情・クレームのあった組合員・利用者と引き続き良い関係を続けるためには、苦情・クレーム発生後の対応が重要です。ご迷惑をお掛けした組合員・利用者が次に来店した時に、「この間は大変だったのよ」と言われても支店長が事実を把握していなければお詫びすることができませんし、その態度を見た組合員・利用者は再度気分を害することになるでしょう。組合員・利用者が次に来店した際には支店長から「先日は失礼があったようで…」などと一声掛けるだけで「気にしないで、今後気をつけてくれれば良いよ」というお言葉を頂けるなど組合員・利用者の支店に対する印象は180度変わります。

【できる副支店長の特徴】

- 支店長と副支店長はコミュニケーションを常に取っている。苦情・クレームは大小問わず事後報告まできちんと実施している。
- 不良債権の案件で副支店長が組合員・利用者から理不尽なことを言われた際にも支店長に報告していた。大きな苦情・クレームにならないよう対応を確認し合っている。

・支店長が外出している時に苦情・クレームが発生した場合、支店長が帰店してから副支店長が支店長に報告しているところを見かける。

【できない副支店長の特徴】

・副支店長の対応が悪くて苦情・クレームを言われていたことがあったが、支店長には報告していなかった。
・支店長と副支店長は仲が悪いわけではないが、タイムリーな報告ができているようには見えない。
・副支店長はコミュニケーションが上手くないので、支店長不在時に起きた苦情・クレームについて副支店長を間に挟むと面倒になるため、職員は直接支店長に報告している。

苦情・クレームから組合員・利用者との信頼関係を深める

苦情・クレームは迅速な対応と心情理解がポイントです。苦情・クレームの中には職員の対応には非がない苦情・クレームや常識外れでお門違いと感じる苦情・クレームもあるでしょう。そういった苦情・クレームに対しても真摯な対応をすることが必要です。苦情・クレームを言う組合員・利用者の大半は支店を良くしたいと思って指摘しています。その気持ちに感謝し、迅速に対応し、心情を理解しながら話を聴くことが大切です。

苦情・クレームという組合員・利用者が感じている不満を上手く解決し、満足に変えることができれば、組合員・利用者は支店に対しより大きな満足を感じます。たとえ100％組合員・利用者の望む対応ができなくても、支店ができる精一杯の対応をしてくれたという印象は競合他社との差別化要因となり、これからも支店を利用したいと思ってもらうことができます。また、問題を上手く対処してくれる職員に対する信頼が増し、以前よりもいろいろと相談してもらえる関係を構築することができます。

ピンチはチャンスという言葉があるように、苦情・クレームこそ相手から信頼を勝ち取るチャンスです。組合員・利用者の気持ちを理解し、支店全員で共有して真摯に改善策を重ねていくことで苦情・クレームをきっかけに組合員・利用者を支店の支持者に変えられるように取り組みましょう。

【できる副支店長の特徴】

●苦情・クレームがあっても、別室で副支店長と話をした後に組合員・利用者が笑顔で帰って行くので、組合員・利用者から信頼してもらっていると思う。

●組合員・利用者が声を荒げた時に、こちらに非はなかったがそのことについて反論したりせず、一通りお客様に不満を言ってもらったうえでお帰りいただいていた。

●引き落しを止めるように事前に組合員・利用者から言われていたにも関わらず、こちらのミスにより引き落しがされてしまったことに対し組合員・利用者から苦情・クレームをいただいたが、副支店長が組合員・利用者宅に何度も伺って原因の説明とお詫びをしたおかげで他行に乗り換えられずに済んだ。

【できない副支店長の特徴】

●苦情・クレームに対して「でも」「しかし」が多く、絶対に否を認めようとしない。組合員・利用者の勘違いということもあるが、一旦、話を聴くくらいの余裕を持ってほしい。

●苦情・クレームの内容に納得していないことが顔に出ており、組合員・利用者を余計に怒らせている。結局、支店長が対応して納めているが、組合員・利用者が帰った後に「なにあのモンスター」などと言って組合員・利用者を批判している。

- 書類に不備があり再度手続きをお願いしなければならなかったときに、組合員・利用者に対して言い訳ばかりして呆れられていた。

2 苦情・クレームを未然に防ぐ

支店内の苦情・クレーム対応力を底上げする

苦情・クレームへの対応で最も効果的な対策は未然に防止することです。配下職員の事務ミスや商品知識、処理能力の低さを原因とする苦情・クレームを発生させないためには、配下職員に商品知識の習得とマニュアルにもとづく正確な業務遂行をさせなければなりません。そのため、副支店長は配下職員の能力向上を支援します。

苦情・クレームを防ぐための能力向上には、店舗内事務に関する事務レベルの底上げに加えて苦情・クレーム時の対応力の強化も求められます。苦情・クレームが発生した場合でも初期対応をしっかり取ることで大事に至る前に事態を収拾することができます。副支店長は苦情・クレームの対応方法を配下職員へ指導したり、マニュアルを作成するなどして支店の苦情・クレームへの対応レベルを底上げすることが必要です。

苦情・クレームを増やさない話し方や聴き方、苦情・クレーム発生時の流れや気をつけるべきポイントを整理したり、頻繁に発生する苦情・クレームに対しては、その内容と対応策を支店内で決めておくことで配下職員はあらかじめ苦情・クレームに対する心構えができるため、落ち着いて対応することができます。また、苦情・クレーム対応時には同じことを組合員・利用者に何度も聞かないように職員間で連携を取ることが必要です。「苦情・クレームの内容」「対応方法」「経緯」「結果」などの基本情報を担当者に記録させておくことで、引継ぎ時の苦情・クレームの進捗状況の共有がしやすくなります。一覧として保存しておけば再発防止策を考える際の分析にも役立ちます。

【できる副支店長の特徴】

- 副支店長は、事務ミスを起因とした苦情・クレームがあると統一事務手続に立ち返ってマニュアルどおり処理するように指導をしている。

- 大きな声を出す組合員・利用者は、ただ気持ちをぶつけたいだけの時もあるから口を出さずに組合員・利用者の気持ちを聞いてあげると良いと教えてもらった。
- 苦情・クレームの常連者が来店したときは、一人で対応せずにすぐに副支店長または支店長を呼ぶように方針を出してもらっている。

【できない副支店長の特徴】

- 「大変だったね」と声を掛けてくれるが、「こうしたら良い」というようなアドバイスはない。
- その場しのぎの対応をするだけで再発防止のための対策などはない。そのため、同じような苦情・クレームが繰り返し発生している。
- 副支店長が一人で対応してしまい、どのように対応したかを教えてくれないため、次にどのように対応したら良いかわからない。

苦情・クレームの芽を早めに摘み取る

苦情・クレームの中には組合員・利用者から「お願いしていた件はどうなっているんだ」と言われて初めて支店内で問題が発覚するケースがあります。このケースの苦情・クレームは配下職員から事前に状況を伝えてもらっていなければ副支店長や支店長は把握しにくく、事前のフォローが難しいものです。

配下職員は業務に追われていたり、難易度が高くて対応に時間がかかるかもしれないと思っても、自分が依頼された仕事は自分が対応しなければならないと考えて誰にも相談せずに一人で抱えてしまうことが少なくありません。そして、そのうちの一部が苦情・クレームとして顕在化します。

このような苦情・クレームを未然に防ぐためには、配下職員に一人で抱え込ませないように、副支店長が日頃から配下職員に報告、連絡、相談をさせるよう指導しなければなりません。しかし、いくら報告、連絡、相談をするように指導しても、副支店長がいつも忙しそうにしていたり、配下職員からの相談に対して「面倒だな」と態度にあらわれたりしていれば、配下職員は副支店長に相談したいとは思わなくなります。特に組合員・利用者からの複雑な相談などについては一旦自分で整理してからでないと副支店長に相談しても不機嫌になって「わかりやすく話せ」と言われることをおそれ、副支店長への相談がつい先延ばしになってしまいます。

副支店長は配下職員にとって支店長よりも近くて相談しやすい存在でいなければなりません。配下職員から報告、連絡、相談をしにくい環境を自分自身がつくっていないか、自ら問いただしてみてください。

【できる副支店長の特徴】

- 副支店長は忙しそうにしているが、話しかければ笑顔で「どうした?」と言ってくれるので、話しかけやすい。
- 苦情・クレームは支店長不在時は副支店長が対応をしてくれる。副支店長は何でも相談しやすい雰囲気なので苦情・クレームが発生した場合も相談しやすい。
- 苦情・クレームはまず副支店長に相談する環境が支店全体にある。副支店長は話しやすく、店舗内事務も詳しいため相談しやすい。

【できない副支店長の特徴】

- 支店長は融資業務で忙しいため、相談しても迷惑そうにされる。
- 副支店長に相談しようとした時に、「前にも教えただろう」と言われてしまったので、あまり気軽に相談できなくなってしまった。
- 副支店長は頼りにならないため相談しない。副支店長にわざわざ聞くときは融資や相続などの副支店長の担当業務の部分か、お手上げのときに声を掛ける程度である。

副支店長からの積極的なコミュニケーション

副支店長は配下職員からの報告を一方的に待つだけではなく、自らも積極的に配下職員に話しかけなければなりません。そもそも報告、連絡、相談は上司と部下の双方向のコミュニケーションで成り立つものです。配下職員が報告しないから知らなかったというのは言い訳にはなりません。支店の現場で何が起きているのかを常に把握しておくために、副支店長から配下職員に積極的に話しかけることが必要です。

副支店長から配下職員への報告、連絡、相談は配下職員の育成の面でも効果があります。

たとえば、副支店長が報告、連絡、相談をすることで、配下職員は副支店長の考えや仕事の進め方を知ることができたり、報告、連絡、相談の方法自体を学ぶことができるため、配下職員は副支店長に何を報告、連絡、相談をすれば良いのか、どのように話せば良いのかがわかるようになります。

副支店長からの報告、連絡、相談によりコミュニケーションの回数が増えることで自然と情報共有が進み、トラブルが発生しても迅速に対応することができます。配下職員の業務が遅れているかもしれないと思えば、副支店長から「この前のあの件はどうなった？」と声を掛けてあげることで配下職員の意識が高まります。

日頃から配下職員と双方向の報告、連絡、相談をし、情報共有を活発に行うことが必要です。

【できる副支店長の特徴】

- 窓口職員や新人渉外担当者に副支店長自ら積極的に話しを聞きに行き、相談に乗ったりアドバイスをしている。
- 税務署に提出する書類に関して悩んでいたところ、副支店長から「何の書類？」と声を掛けてくれて一緒に考えてくれた。

- 日ごろから副支店長から親しみやすく話しかけてくれる。朝、外で掃除をしている時や食堂でご飯を食べている時にもプライベートな話も含めていろいろ話をしてくれる。

【できない副支店長の特徴】

- 副支店長は何を考えているのかわからない。副支店長から話しかけられることはあまりない。
- 副支店長は基本的に融資業務をしていると思うが具体的に何をしているかは知らない。
- 副支店長は窓口業務に興味がないので窓口業務の状況について聞かれることはない。

3 苦情・クレームをきっかけに支店をレベルアップさせる

苦情・クレームの発生原因を追究する

苦情・クレーム対応の目指すべきゴールは「組合員・利用者の納得」の先にある「苦情・クレームの再発防止」です。怒っている組合員・利用者に理解し、納得してもらうだけで満足してはいけません。他店に比べて苦情・クレームが多かったり、同じ苦情・クレームが何度も発生しているのであれば、支店の体制に問題があるかもしれません。苦情・クレームの発生原因を追究し、苦情・クレームが発生しない仕組みをつくらなければなりません。

苦情・クレーム一覧を作成して情報として蓄積し、どんな苦情・クレームが多いのか、どういった苦情・クレームは対応が難しいのか、というように苦情・クレームの内容を分析したり、他店の苦情・クレームの情報を入手し自店と比較することで、自店の弱点を把握します。

原因追究する際に気をつけなければならないのは、苦情・クレームの原因を「○○さんの対応力が低い」「△△の経験不足」など特定の職員の能力としないことです。たとえば、Aさんの事務ミスが原因で苦情・クレームが発生した場合、Aさんの経験不足を指摘するだけでは再発防止にはなりません。この場合には、経験の浅いAさんに任せることに問題はないか、支店内の教育の仕組みに問題はないか、さらには、支店内にコミュニケーションが不足しているためにAさんに必要な情報が伝わっていないかなど、様々な点から苦情・クレームを検討します。事務ミスの真因は特定の職員一人に起因することだけではない場合がありま す。副支店長は苦情・クレームの頻度や内容の質を見て重要性を判断しながら、重要だと判断した事項に対しては発生原因を深く追究し、対策を講じることが必要です。

【できる副支店長の特徴】

- 副支店長は書類の不備や手続きが遅いことが自店の弱点だと認識しており、窓口や渉外担当者の相談・指導を率先して行っている。
- 事務ミス防止、事務効率アップのために副支店長が率先して書類の整理をしてくれた。
- 臨時職員や短時間勤務職員が多く、正職員にかかる長期共済の窓口業務の負担が大きい。そのことについて副支店長から支店長に相談して改善策を提案してくれた。

【できない副支店長の特徴】

- 問題点を把握しているかもしれないが、何か対策を講じているところは見たことがない。
- 書類の記入漏れなどで本店から指摘がくる場合があるが、書類の記入ミスに気をつけるように言われるだけである。
- 発生原因までは追究していないので、同じミスが繰り返されている。

苦情・クレームの発生原因および今後の対応策を全職員に共有する

発生した苦情・クレームは再発防止のために支店職員全員に共有する必要があり、発生した当日または翌日までに遅滞なく伝達されなければなりません。ただし、発生した事実のみの伝達で終わってしまっては今後の対応策がわかりませんので、発生原因や今後の対応策まで含めて職員全員に報告しなければなりません。

職員への共有は、ミスをしたという過去を強調するのではなく、支店で同じミスが繰り返されないように将来どうすれば良いかという観点から共有をしてください。その際、職員全員に当事者意識を持ってもらうために、発生した苦情・クレームは特定の職員が起こした特別な事例ではなく、誰でも起こす恐れのある支店の問題であるという意識を持たせなければなりません。

苦情・クレームの発生をゼロにすることはほぼ不可能です。大切なことは苦情・クレームにつながるミスを繰り返さないことです。そのために、副支店長は配下職員に対して苦情・クレームの発生原因と対応策をわかりやすく伝えなければなりません。さらに、自店で発生した苦情・クレームだけではなく、他店の苦情・クレームについても対応策とともに共有することで、発生しやすい苦情・クレームに対して事前に対策することができます。

【できる副支店長の特徴】

- 苦情・クレームが発生した日は副支店長が朝礼・終礼で職員全体に報告している。
- 定期預金の利率を打ち間違えたことがあった際に、終礼でその報告と今後はダブルチェックを徹底するように副支店長から指導があった。
- 朝礼・終礼では事例を共有し、副支店長が中心となって発生原因対策の議論をしている。

【できない副支店長の特徴】

- 苦情・クレームが発生すると職員同士で「こんなことがあったので気をつけよう」と話をするが、副支店長から朝礼・終礼等で改めて要旨を説明すると良いのではないか。
- 朝礼・終礼の中で事例の共有はするが、対応策についての議論はない。
- 支店内で発生原因対策の議論をするが、副支店長は同席しているだけで真剣に考えていない印象である。

融資業務の時だけ苦情・クレーム対応する副支店長

設問

副支店長のAさんは融資業務に関する苦情・クレームについては配下職員からの依頼を受け、率先して対応していますが、他の業務についての苦情・クレームの場合は支店長に対応を任せています。配下職員も窓口で苦情・クレームが発生すると支店長に対応を求めています。

本来であればAさんは副支店長として苦情・クレームにどのように対応すべきでしょうか？

解答

副支店長は自分の業務に限定して苦情・クレームに対応するのではなく、支店長と同様に役職者として率先して苦情・クレームに対応しなければいけません。

解説

副支店長Aさんは副支店長として自分が担当している業務だけでなく、他の業務についても流れを理解し、配下職員からの質問や相談に応じたり、配下職員への指導を行わなければいけません。

常に窓口の状況に気を配り、苦情・クレームが発生した場合には、内容や組合員・利用者の怒り度合いを冷静に見極め、自ら対応する必要があると判断すれば窓口に呼ばれる前に率先して窓口に出ていかなければなりません。苦情・クレームが発生した場合には、配下職員は、支店長、副支店長関係なく役職者が対応してくれることを望んでいます。支店長が先に対応してくれるから自分は対応しなくても良いという気持ちは捨てて、自分も役職者であるという自覚を持って苦情・クレームへ対応してください。苦情・クレームへの対応は、基本的に支店長が対応するということ自体は間違いではありません。しかし、配下職員が、支店長〝のみ〟に苦情・クレームの対応を依頼したり、相談している場合は注意が必要です。配下職員は相談すれば解決してくれると思う人に相談しますので、もし相談されないのであれば配下職員から信頼されていないおそれがあります。

報告・連絡・相談の不備が招く苦情・クレームへの対応

設問

渉外担当者Aさんは、組合員Bさんを訪問したところ相続対策について相談を受けました。ところがAさんは日々の業務が多忙で相談を受けたまま数日間放置していたところ、Bさんから苦情の連絡を受けました。Bさんはかなり憤慨し、貯金全額を他の地銀に移してしまいました。Aさんはこのような状況を一度も上位者に報告しておらず、副支店長Cさんは、毎日配信される「大口取引一覧表」の役席者承認の際に、Bさんの貯金全額が他の地銀に移されていることで気づきました。

なぜこのような報告・連絡・相談の不備が起きるのでしょうか？

解答

副支店長Cさんは報告・連絡・相談の不備を自己責任として反省することが大切です。配下職員の意識・能力不足としてしまうと問題発生の真因が見えてきません。このような報告・連絡・相談の不備は「上司が配下職員へ情報を求める姿勢が足りない」こと、「上司が配下職員から信頼されていない」ことが原因で発生します。

解説

副支店長Cさんは気軽に報告・連絡・相談できる雰囲気をつくらなければなりません。業績の好不調に関わらず安定した明るさを保ち、配下職員に接することが必要です。報告・連絡・相談をしようとしても「今日は機嫌が悪いから明日にしよう」と相談のタイミングを見計らったりしてはタイムリーな報告が損なわれます。いつも暗い顔をしている、気難しくて話しづらい、他人の意見に耳を貸そうともしない副支店長には配下職員は気軽に会話しづらく、次第に報告・連絡・相談がなくなっていきます。

また、配下職員からの報告・連絡・相談を待つだけではなく、副支店長Cさんから積極的にコミュニケーションをとることが必要です。配下職員にとって副支店長への報告・連絡・相談は面倒で嫌なことであり、副支店長から配下職員に向かって「何かあったら、報告してこい」と言うだけでは報告・連絡・相談は上がってきません。配下職員を良く観察し、タイミングを見計らって副支店長から声を掛けるようにしてください。

推進目標を達成する

できる副支店長は数字もつくれる

ステップ6 推進目標を達成する 〜できる副支店長は数字もつくれる〜

副支店長Fさん（1年目）の本音

昨年までは、ＬＡマネジャーとして推進実績を残してきました。ここ数年は新規契約の獲得も順調で、周りが苦戦するなかでも確実に実績を積み上げてきたことが認められて副支店長に登用されたのだと思います。

はっきりいって渉外担当者としては優秀だったと思います。推進目標が達成できずに悩んでいる同期を何人も見てきましたが、私自身は目標達成に困ったことがありません。できない人の気持ちがわからないというわけではありませんが、「ノウハウ」とか「必勝法」とかそんなことばかり気にしているからダメなんですよ。言い訳してないで行動すればいいんです。

　私が副支店長になったからには甘えは許しません。推進目標を達成するためには「契約が取れるまで帰ってくるな」「50件新規で飛び込むまで支店に入れない」とか言うと古いやり方だといわれますが、結果が伴わない渉外担当者に価値はありません。週末には推進目標の達成状況を確認し、できていなければ徹底的に詰めます。土日であろうが時間外であろうが関係ありません。推進目標を達成することが渉外担当者の仕事ですから達成できるまでやらせます。競合金融機関などでは当たり前にやってることでしょ？

　それに、渉外担当者だけに任せているのは心配なので、私も積極的に動いて推進目標の達成に貢献しようと思っています。競争意識があるとやる気もアップしますからね。渉外担当者は私に負けないように頑張ってもらおうと思います。私としても渉外担当者に副支店長としての格の違いを見せてやりますよ。いずれにせよ、私が副支店長としてこの支店にいるうちは推進目標の達成は約束されたものです。

副支店長は自らが行動して支店の推進目標を達成すれば良いのではなく、配下職員を指導し実績をつくらせるようにしなければなりません。つまり、副支店長にとっての事業推進には、正しい意識で目標達成に向けて行動できる渉外担当者を育成することまで含まれています。

しかし、推進目標達成に向けて実績管理（〝数字〟の管理）は意識しているものの、推進目標達成に向けた渉外担当者の行動や気持ちにまで気を遣っている副支店長は多くありません。その結果、渉外担当者には推進目標が〝ノルマ〟として重くのしかかり、改善の糸口がつかめない渉外担当者が「お願い推進」「お付き合い推進」という形で組合員・利用者に負担をかけながら目標達成するという姿が常態化していきます。この状態が続くと渉外担当者はノルマに押しつぶされ、メンタルを壊してしまいます。

できる副支店長とできない副支店長の違いは、渉外担当者に「組合員・利用者が満足したうえでの成約」という仕事の意義・目的をしっかりと理解させ、そのうえで、すぐに実践できるように推進方法を具体的な行動プロセスまで落とし込んで指示しているかどうかです。

1 自分の足で歩き、自分の目で見て、自分で考える

支店管内の情報に精通する

涉外担当者を指揮・統率し推進目標を達成する副支店長は、誰よりも支店管内の情報に精通し、涉外担当者に対して具体的なターゲット設定や行動を指示できなければなりません。

涉外担当者にとって「情報」は最大の武器であり、情報を持つ副支店長の下には自然と涉外担当者が集まってきます。このような副支店長のいる支店では、報告、連絡、相談をうるさく言わなくても涉外担当者のほうから副支店長に話に来るため、支店内でのコミュニケーションが活発です。

副支店長の情報量を支えているのが常に最新の情報に触れるという意識と行動です。支店に座って実績データを眺めていても推進につながる有益な情報を得ることはできず、副支店長は自分の足で歩き、自分の目で見て支店管内の動きを把握しておかなければなりません。日ごろから支店管内を歩いていれば、町のこと、人のこと、競合金融機関のことなど様々な変化に気づくでしょう。

そのうえで、支店では組合員・利用者と積極的にコミュニケーションをとります。地域のことを知りたければ地域の人に聞くのが一番です。組合員・利用者とのコミュニケーションによって、本人の情報はもちろん、隣近所の情報まで入手することが可能です。

【できる副支店長の特徴】

- 「○○さんが家を建てる」とか「△△さんに子どもができた」とか地域の方の情報に詳しく推進のアドバイスをくれる。
- 時間を見つけて支店の外にでており、地域の動きを誰よりも把握していると感じる。競合の取り組みなども正確に把握しているので頼りになる。
- 率先して窓口や客だまりに出てきて組合員・利用者とコミュニケーションをとっているため、地域のことをよく知っている。

【できない副支店長の特徴】

- 他店の支店長や副支店長から管内の情報を伝えられて、それをそのまま配下職員につなぐでいる。自分の足で集めた情報ではなく情報が遅い。

●いつも支店で座っているだけで地域のことをぜんぜん知らないと思う。渉外活動で得た地域の方の情報を副支店長に報告すると「そうなんだ」と言うだけで副支店長から新しい情報を教えてもらうことはない。

●支店にいても自分の担当業務に集中するだけで組合員・利用者と話している姿を見たことがない。

積極的に同行訪問する

「農協職員は組合員・利用者のことをどの競合金融機関よりもよく知っている」という農協の強みを維持するために、副支店長は率先して組合員・利用者とコミュニケーションをとらなければなりません。組合員・利用者と話して推進につながる情報を収集し、そのうえで、配下職員に情報をつないで成果を上げるお膳立てをするのが副支店長の役割です。

自身が優秀な渉外担当者であった副支店長は、自らが積極的に推進活動を行い、自らの実績で支店の推進目標を達成しようとします。しかし、副支店長に求められているのは単に支店の推進目標を達成するだけではなく、渉外担当者が成果を出すために必要な能力を育成することも含まれています。そのため、副支店長は渉外担当者にターゲットの情報を提供するだけではなく、必要に応じて同行訪問し、組合員・利用者との話題づくりや提案の仕方などを渉外担当者に見せることで渉外活動のノウハウを伝えていかなければなりません。

また、配下職員の推進活動に同席することで、どのような会話をしているのか、提案までにどのような流れになっているのかなどを自分の目で確認し、課題を具体的に指摘することもできます。推進活動を自己流で実践している渉外担当者は非常に多く、ほとんどの渉外担当者は推進活動に関して十分に教育を受けることなくＯＪＴ（オン・ザ・ジョブトレーニング）で身につけているのが実態です。副支店長が同席し、何が良くて、何が悪いかを具体的に指摘することで渉外担当者を効率的に育成できるだけではなく、ちゃんと見ていてくれているという安心感を与えることができ、渉外担当者のモチベーションを高めます。

ときには渉外担当者を帰らせた後に組合員・利用者と直接コミュニケーションをとり渉外担当者に対する評価や普段の行動を確認することも必要です。

【できる副支店長の特徴】

- 同行訪問して、組合員・利用者との信頼関係を構築したり、適切なタイミングで推進したりしてくれる。少し前まで渉外担当者だったということもあり組合員・利用者との関係構築の仕方や話し方が自然で参考になる。
- 窓口を閉めた後によく同行訪問してくれる。副支店長は組合員・利用者のことをよく知っており、掛金を重視するか、年数を重視するのかなど効果的な推進のポイントを教えてくれる。
- 他行の住宅ローンの利用者に金利の話をしたら興味を持ってくれたが、自分は住宅ローンのことは詳しくないので副支店長に同行をお願いした。その結果、副支店長が同行して説明してくれて契約獲得できた。

【できない副支店長の特徴】

- 支店内では融資担当者という意識であり、共済には関与してこない。同行をお願いすればきてくれるときもあるが、快くという感じではない。

- 同行訪問のときに、組合員・利用者に対して、副支店長が勝手に話をしたうえで提案が上手くいかないことが多い。組合員・利用者のことを知らずに独りよがりの提案になっているが気づいていない。
- 組合員・利用者の話を聞かずに自分の話ばかりしてしまい、マイナス要因になるだけなので同行訪問を依頼するつもりもない。

地域のイベントに率先して参加する

農協の強みの源泉は組合員・利用者と職員との「人間関係」であり、特に支店長や副支店長の印象は支店の実績に影響します。副支店長が金融事業の「専門家」として信頼されることはもちろん、「話し相手」として心を開いてもらうことも必要です。そのため、支店内で組合員・利用者に対応することだけではなく、支店の外でも組合員・利用者と接点をもち積極的にコミュニケーションをとることが重要です。地域のイベントなどは支店長に任せきりにするのではなく、副支店長自身が率先して参加し、組合員・利用者のことを理解することは当然ですが、組合員・利用者にも副支店長のことを理解してもらわなければなりません。

人は「接する回数が増えるほど好感度や印象が高まる」といわれます（ザイアンスの法則）。1968年にアメリカの心理学者ロバート・ザイアンスが発表した論文では、①人は知らない人には攻撃的、冷淡な対応をする、②人は会えば会うほど好意を持つようになる、③人は相手の人間的な側面を知ったとき、より強く相手に好意を持つようになるとされており、業務内・業務外を問わず組合員・利用者との接点を多く持つことの重要性が裏づけられています。

顔も知らない副支店長を信頼することはありえません。副支店長が支店を離れて、1人の隣人として組合員・利用者と接することで、副支店長の人間的な側面に触れた組合員・利用者は、副支店長に対して好感を持つようになります。

【できる副支店長の特徴】

- 地域のグランドゴルフ大会や川を守る会などには副支店長も参加している。
- 組合員の圃場で開催されているナス、トマトの収穫体験などのふれあいイベントには副支店長が参加し、組合員・利用者と積極的にコミュニケーションをとっている。
- 夜に部会活動などが支店の二階で開催される場合には、副支店長も参加している。

【できない副支店長の特徴】

- 地域のイベントは支店長に任せきりで参加しない。そのため、支店長の顔は認知されているが、「副支店長は誰？」と組合員・利用者に聞かれることがある。
- 地域に密着した活動をしたほうが良い。共済の仕組みなどの魅力だけではなく、副支店長の魅力で取引が継続するような関係をつくることが重要。
- 生産組合などの会合には支店長が参加している。副支店長が担当業務以外の活動をすることはない。

まとめ

配下職員に成功体験を積ませるためには自分の目で支店管内の動きを確かめておかなければなりません。自分自身で現場を動き回らないとその感覚が鈍ってきます。現場に出ずに配下職員を育成することはできません。

- 支店管内の情報に精通する
- 積極的に同行訪問する

・地域のイベントに率先して参加する

2 配下職員の推進力を底上げする

行動プロセスを明確にする

推進活動には正しいプロセスがあり、やみくもに「お願いします。共済に入ってください。」と組合員・利用者の宅先に押しかけ無理に推進しても契約は取れません。推進活動は、契約というゴールに向けて、①事前準備し、②面談し、③相談を受け、④提案するという大きな4つのプロセスを正しく踏んでいくことが重要です。仮に契約まで至らなかったとしたらプロセスのどこかに問題があるということです。しかし、多くの農協（支店）ではこのプロセスを無視して最終の契約額だけを重視して推進活動を進めているため、渉外担当者は契約さえ取れれば何をやってもいいという意識になり、「お願い推進」「お付き合い推進」がまかり通っています。

副支店長が渉外担当者を指導する際には、①事前準備の重要性をしっかりと伝えなければなりません。いきなり現場に投入され「数字をつくれ！」と叱咤されている渉外担当者に事前準備の余裕はありません。とにかく、何も考えずに組合員・利用者を訪問して、キャンペーンだからという理由で農協の商品・サービスを推進しています。さらに、商品・サービスに対する知識が不足している渉外担当者が多く、農協の商品・サービスについてパンフレットに書いてあるような表面的な説明しかできていないことも少なくありません。渉外担当者自身が農協の商品・サービスを深く理解していないことには「この商品は組合員・利用者を幸せにできる」と自信を持って推進することなどできません。

事前準備でもっとも大切なのは、組合員・利用者のニーズを想定しておくことです。渉外担当者は、組合員・利用者の「何かを解決したい」「改善したい」という願いを面談前にあらかじめ想定しておきます。面談時に組合員・利用者が「この渉外担当者は、自分のことをよく考えてくれているんだな」と感じたらもっといろいろな話をしてくれます。逆に、何も知らない渉外担当者には何も話してくれません。

副支店長は、自身の成功体験も踏まえ、誰にとってもわかりやすく、経験の多寡や天性の能力に頼らずとも実践できる有効な行動プロセスを整理し、渉外担当者に指示することで、訪問時だけがんばる推進スタイルを改め、訪問前の準備に時間をかける行動様式へ改善させることが必要です。

【できる副支店長の特徴】

- 渉外担当者時代の経験を踏まえて、共済の知識、推進方法、事務手続きに至るまで具体的にアドバイスしてくれる。
- 継続して契約してくれている組合員・利用者に対して、何を推進して良いかわからなかったが、自分では思いつかない角度から「こういう推進をするといいよ」とアドバイスをしてくれる。
- 単に「訪問しろ！」というだけではなく、自信の経験を踏まえ、「この商品を推進したいならこういうニーズを聞き出すようにすると良い」とか「こういう話をするとこういうニーズを判断できる」など、具体的なアドバイスをくれる。

【できない副支店長の特徴】

- 「やってこい！」というだけで具体的なアドバイスはない。目標達成できなければ「やる気がない」と叱責される。
- 渉外担当者に対して「なんでできないんだ！」と怒鳴っているが、一緒に考えている姿を見たことがない。
- 自分は一日に何十件訪問していたと自身の経験談をいつも語ってくるが、時代遅れの武勇伝でしかない。環境が変わったということを理解して、アドバイスをしてほしい。

数字ではなく行動を管理する

副支店長も支店長とともに支店の業績（推進実績）に責任を負っているからといって、数字だけを目標に管理を徹底すると渉外担当者は疲れるだけです。このような支店では月末や年度末になると目標未達であれば副支店長は渉外担当者を叱責し、目標達成に向けてさらにがんばるように声を荒げます。一方で、渉外担当者はげんなりしながら副支店長の小言を聞き流しています。このような状態では、副支店長がいくら数字を厳しく管理しても推進目標の達成にはつながらず、むしろ目標達成のための「お願い推進」「お付き合い推進」が横行し、組合員・利用者の満足どころか、組合員・利用者に負担を強いていることも少なくありません。

副支店長は、渉外担当者の実績を管理するだけではなく、渉外担当者が正しく行動していることを管理するべきです。副支店長は渉外担当者の行動をしっかり観察し、仮に短期的には数字が伸びていなくてもプロセスができていれば評価しなければなりません。そうやってプロセスを大切にしていけば渉外担当者は必ず伸びていきます。

副支店長が行動管理を徹底すると、配下職員の行動管理は実は成果管理よりも大変だということにすぐに気づきます。成果管理に比較して、行動を管理すると、できなかったときの言い訳が難しいのです。推進目標の達成は自分の意思だけではどうにもならないことがあり、「組合員・利用者の環境が急に変わった」「競合がとんでもない好条件を提示してきた」というようにいろいろな言い訳がついてきます。しかし、行動には言い訳は一切通用しません。配下職員は決められた行動を確実にやりきり、副支店長はそれを支援します。そして、結果として推進目標が達成できているというのが正しい管理方法です。その意味で、副支店長からの指示は「売ってこい」ではなく「会ってこい」という言葉でなければならないのです。

【できる副支店長の特徴】

- 「実績は過去の成果であり、大切なのはこの先の見込み」とよく話しており、行動予定について管理されている。
- 進捗会議では達成見込みについて報告し、不足部分について徹底して行動計画を議論する。
- どのような組合員・利用者に対して、どのような行動をしたのかについて報告が求められ、行動プロセスが停滞していると改善策を一緒に考えてくれる。

【できない副支店長の特徴】

- 「がんばったというなら数字で示せ」が口癖で、実績だけしか管理していない。
- 進捗会議は実績の読みあわせで、行動について議論されることはない。
- 新規契約額にしか関心がなく、渉外担当者が工夫したことや取り組んだことは評価されない。

農協の使命を伝える

推進実績とは、組合員・利用者が農協の商品やサービスに価値を見出していることの結果であり、副支店長は、残高や保有高を増加させるのではなく、組合員・利用者に対する価値を高めていくことを配下職員に指示しなければなりません。そのため、組合員・利用者が農協に対して何を期待しているのかをもう一度突き詰め、それを渉外担当者の目標としなければなりません。しかし、渉外担当者の多くは「いくらの新規契約を獲得した」ということに仕事のやりがいを見出しているような節があります。また、それが伝説化したり、大きな契約を獲得した人がロールモデル（成功者）として組合内部でもてはやされたりする組織風土になっていることも少なくありません。

過度なノルマ意識は農協の都合を優先する推進姿勢につながり、「お願い推進」「お付き合い推進」といった組合員・利用者事業をまったく考慮しない取引が増加します。ニーズの有無に関わらず渉外担当者が繰り返し組合員・利用者を訪問し、根負けした組合員・利用者が契約すれば成果と考えるような推進を続けていては組合員・利用者との間に信頼関係を築くことはできません。多くの場合、「お願い推進」「お付き合い推進」で取引を開始した組合員・利用者は、後々不満や不信感を持つようになり、本当に何かを必要としたときに農協には相談してくれません。

副支店長は渉外担当者に対して、推進活動とは無理やり「契約させる」ことでもなければ、頭を下げて「契約してもらう」ことでもないということを徹底して伝えなければなりません。組合員・利用者が渉外担当者に期待しているのは、親身になって相談に乗り、希望する商品を提案してくれることです。渉外担当者は組合員・利用者にとって単なる業者ではなく信頼できるパートナーとして認識されなければなりません。

【できる副支店長の特徴】

- 組合員・利用者が本当に必要な商品・サービス以外を推進することは中長期的に組合の支持基盤を失うことになるという考えにもとづき、本当に必要な契約であったかを厳しく管理されている。
- 目標達成のためであっても組合員・利用者に対して無理な推進はしてはいけないと日ごろから話をしている。
- 同行訪問して組合員・利用者との関係構築や、組合員・利用者の話を聞くことに時間を使いその場で推進はしない。

【できない副支店長の特徴】

- キャンペーンなど農協の推進したい商品・サービスを推進することにしか関心がない。
- 目標達成のためにお願いしやすい組合員・利用者に推進することを指示する。
- 同行訪問をお願いしても組合員・利用者に対して一方的に商品説明をするだけで、組合員・利用者のニーズを把握するという発想はない。

まとめ

農協による推進活動は組合員・利用者との信頼関係が前提であり、それがなければ繰り返し訪問しても効果はありません。副支店長は短期的な推進実績を追い求めるのではなく、組合員・利用者との長期的な信頼関係の構築を重視した推進活動を渉外担当者に徹底させなければなりません。

- 行動プロセスを明確にする
- 数字ではなく行動で管理する
- 農協の使命を伝える

3 与えられた推進目標は絶対に達成する

支店全員で推進するという意識づけをする

推進目標は渉外担当者の目標と考えている副支店長と、推進目標は支店の目標だと考えている副支店長のいる支店では、職員間のコミュニケーションに雲泥の差が出てきます。

推進目標は渉外担当者の目標と考えてしまうと、支店内で渉外担当者が孤立しやすくノルマに対するプレッシャーから精神を病んでしまう職員も多くなる傾向にあります。このような支店では、渉外担当者は誰にも相談することができず一人でプレッシャーと戦い、成績が伸び悩んでいるいるときにも一人で悶々と悩んでいます。なかには「自分だけががんばっている」と考え、他の職員に対するあたりがきつくなり、余計に支店内で浮いてしまうということもあります。

副支店長は推進目標は支店の目標と考え、職員全員で達成するのだという意識を徹底させなければなりません。職員一人ひとりに自分にできることを真剣に考えさせ、渉外担当者をサポートするために行動させます。このような支店では窓口職員から渉外担当者への情報提供などコミュニケーションが活発になります。

渉外担当者にとって情報ほど強力な武器はありません。農協が地域密着の強みを最大限に発揮するためには職員全員で情報収集するべきであり、副支店長は窓口職員も含めて事業推進に対して積極的に行動するように働きかけなければなりません。

【できる副支店長の特徴】

- 渉外担当者がどのような情報が必要かをヒアリングして窓口職員にも伝えてくれて、窓口からの情報がしっかり渉外担当者に伝わってくるようになっている。
- 定期積金のキャンペーン期間中に数字が伸び悩んでいたとき、副支店長が朝礼で「あと○○円ですから、全員で一声掛けて下さい」と言って全員で達成しようという雰囲気をつくってくれた。
- 高額残高者に対する推進のアドバイスやチラシの配布方法などを指導してくれる。先日は、窓口で共済を紹介できるように勉強会を開催してくれた。

【できない副支店長の特徴】

- 推進は渉外担当者の仕事という意識があり、窓口推進などに積極的ではないように感じる。そのため窓口職員はチラシを渡すくらいで、渉外担当者とはほとんど連携していない。
- 優秀な渉外担当者がおり、その渉外担当者だけで全体の目標を達成させてしまうので、窓口推進は積極的に実施させていない。
- 窓口推進について副支店長からアドバイスはない。以前、窓口推進の方法としてチラシの配布を奨励したことがあったが一時的な活動で終わってしまった。

実績が悪いときほど職員を鼓舞する

事業推進を負担に感じている渉外担当者は多く、全国の農協で共済推進などノルマに対するプレッシャーが若年職員の退職原因の一つになっています。事業推進は農協職員の重要な役割であり推進できない職員が辞めていくのは仕方がないという考えもあります。しかし、副支店長がサポートすることで、若年職員が辞めなくても済むのであれば、渉外担当者の悩みを聞き、精神的支えになることが副支店長の役割です。

農協の強みは組合員・利用者との〝良質な人間関係〟であり、これは組合員・利用者と職員が時間をかけて構築していくものです。若年職員を使い捨てのように考え、推進できないなら辞めても仕方がないという発想では職員は組合員・利用者との関係構築に時間をかける余裕はありません。組合員・利用者にとっても職員が常にノルマに追われてお願いに来たり、ストレスで暗くなっているような農協を信頼できません。

組合員・利用者と接する渉外担当者が常に明るく、高いモチベーションで組合員・利用者との関係構築に取り組めるように副支店長が渉外担当者を支援することが必要です。その際、単に推進方法を指導するだけではなく、渉外担当者の精神状態にまで配慮して適度に息抜きさせることも重要です。渉外担当者が悩んでいるのを見て、副支店長が「結果がでないことに悲観しても意味ないぞ。そんなときにはパッと飲んで忘れてしまえ。また明日からがんばればいい」と明るくアドバイスしてくれたことで救われたという渉外担当者は少なくありません。

渉外担当者にインタビューすると、渉外担当者を経験している副支店長には、「自分の気持ちを理解して欲しい」「悩みを聞いてほしい」など良き理解者であってほしいという要望が多く、支店長よりも年齢が近い副支店長を精神的な支えにしている渉外担当者は少なくありません。

【できる副支店長の特徴】

- 副支店長は渉外担当者が落ち込んでいるときに、すぐに気づいて「毎回取れるわけではないから気にしないように」と声を掛けている。
- 元渉外担当者としての経験から渉外担当者の気持ちを理解しており、メンタル面にも配慮してくれる。
- 目標達成は必ずという意識が強く、数字が伸び悩んでいるときには自ら積極的に行動して推進につながる情報を提供してくれたり、同行訪問して契約につなげてくれる。

【できない副支店長の特徴】

- 契約が取れなかったときに「何がダメだったのか考えろ、これで支店の目標達成が難しくなったじゃないか」と罵倒された。

- 「成績が悪いのはやる気がないからだ」と反省や対策を考えるのではなく、精神論で片づけようとするため、話をすると余計に気持ちが落ち込む。
- 目標達成が難しいと感じると「なんでできないんだ」「しっかりしろ」と叱責するだけで自分は行動しない。副支店長がいることでモチベーションが低下するだけ。

まとめ

推進目標を達成することは支店に課せられた責務であり、達成して当たり前です。しかし、目標達成のために職員が精神を病んでしまってはいけません。副支店長は、渉外担当者が過度にノルマに対するプレッシャーを感じることなく、「目標は達成して当たり前だ」と考えられる環境をつくるなければなりません。

- 支店全体で推進するという意識づけをする
- 実績が悪いときほど職員を鼓舞する

窓口推進を促進するための仕掛け

設問

支店全体で推進を行うために今年度から窓口推進を強化する方針を立てました。そこで、チラシを作成し、窓口職員に窓口に来た組合員・利用者にチラシを配るように指示しましたが、窓口職員はなかなかチラシを配ってくれません。副支店長として窓口職員にチラシを配ってもらうためにどのような取り組みを行うべきでしょうか？

解答

窓口職員は自分が理解していない商品を組合員・利用者に推進することに不安を感じるため、チラシを配るように指示されたとしても積極的にチラシを配ろうとはしません。窓口職員が自信を持ってチラシを配ることができるようにサポートすることが必要です。

解説

窓口職員は自分が理解していない商品は組合員・利用者に積極的に推進しません。そのため、基本的な商品知識を身につけることができるように、副支店長や渉外担当者が中心となって勉強会を開催するなど、商品知識を身につけるための取り組みが必要です。

そのうえで、窓口職員は自分が組合員・利用者に商品の紹介をしたことで、商品に興味を示した組合員・利用者がいた場合に、より詳細な説明をしてくれる担当者がいなければ積極的に推進しません。興味を示した組合員・利用者がいた場合は副支店長が対応する仕組みにするなど、窓口職員が安心して商品の紹介を行うことができるような体制づくりが必要です。

高い目標に対する姿勢

本店より支店に対して事業推進に関する高い目標が課されました。副支店長として、推進目標達成に向けてどのように行動すべきでしょうか?

解答

高い目標に対しても前向きに取り組み、絶対に諦めない姿勢を見せることが必要です。副支店長が本店からの目標設定に対して、「そもそも高すぎる目標なので達成できなくてもしょうがない」「本店は現場の苦労がわかっていない」などと批判的な発言をすれば、誰も目標達成に向けて本気で取り組まなくなります。

解説

自分の足で支店管内を歩き、地域有力者と情報交換したり、店頭で組合員・利用者と世間話をすることで、推進につながる情報を収集し、渉外担当者につなげなければなりません。

さらに、積極的に同行訪問して熱意を持って提案する姿勢を見せることも重要です。副支店長の熱意が配下職員に伝わることで、支店全体で最後まで諦めずに取り組む姿勢がうまれます。そういうときに新規の契約が取れるなど思わぬ幸運が舞い込むものです。副支店長が率先して粘り強く活動を続けましょう。

地域での農協の存在感を高める

できる副支店長は農協の使命を体現する

ステップ7

地域での農協の存在感を高める～できる副支店長は農協の使命を体現する～

副支店長Gさん（10年目）の本音

農協改革に関連する新聞報道等は一応意識して見るようにしています。ただ、「農業所得の増大」だとか、「原点回帰」だとか言われても正直ピンとこないです。もちろん、〝農業〟協同組合ですから、組合として地域農業に対して貢献しなければいけないことはわかりますし、農協改革で指摘されている農協の問題点も理解できないわけではありません。それでもやっぱり、今の自分の副支店長としての仕事と農協改革での議論は直接結びつきません。

農協の強みは総合事業性であり、それは各事業の専門知識を持った職員が組合内部に存在するということです。そうであるならば、私が営農事業や生活事業に精通していなくても、しかるべき職員に対応してもらったほうが効果的ですし、一人ですべての事業を理解することなんて不可能です。ただでさえ、組合員・利用者からの要求が高度化・多様化しているんですから、それに応えるだけで精一杯ですよ。

「農協職員だから農業を知らなければならない」と言われますが、どこまでの知識が求められているのですか？地域でどのような農産物が栽培されているかくらいは知っています。でも、仮に知らなくても副支店長としての業務にはまったく影響ありません。

私が副支店長として信用事業のみを意識して仕事をしていることに何か問題がありますか？

農協改革の議論をとおして農協の地域金融機関化が問題視され、なかでも農協の農業離れ、農家離れが深刻だと批判されています。実際に、Gさんように信用店舗の副支店長として融資業務を中心とした支店業務を遂行することを期待されており、営農事業については他の職員の仕事であると認識している副支店長は少なくありません。たしかに、Gさんの言うように全員がすべての事業に精通することは難しい面があり、それぞれが専門分野で力を発揮することが農協の強みともいえます。しかし、職員が自分の専門分野のことにしか関心を示さず、特に地域農業に対する関心が低下したことは組合員・利用者と農協職員との関係を希薄化させた原因の一つであり、地域における農協の存在感を低下させた重大な問題点です。

農協は地域において競合金融機関等とは明確に差別化された存在でなければなりません。そのためには、農協職員一人ひとりが農協が地域から何を期待されているのかを正しく理解し、自らの役割を限定することなく組合員・利用者と向き合うことが求められます。副支店長は配下職員と一緒に、農協だからできること、農協にしかできないことを真剣に考え、農協らしい事業展開を支店長を支えながら実践していかなければなりません。

できる副支店長とできない副支店長の違いは、〝農協人〟としての役割を理解しているかどうかです。信用店舗の副支店長として、信用事業のことだけを理解していれば十分と考えていては、農協が地域から期待されている役割に応えることはできません。副支店長は、この点が農協改革で議論になり、農協の地域金融機関化が問題視されたという事実を真摯に受け止めなければなりません。

1 〝農協人〟として行動する

農協の役割を理解する

農協改革の議論の中で批判されているように農協の役割は単なる地域金融機関としての役割ではありません。農協職員が貯金集めや共済の新規契約獲得のみに注力し、地域農業への取り組みがおざなりになっていれば農協の存在意義を問題視されても仕方ありません。しかし、一部の有識者が指摘しているように農協の役割を専業農家のための職能組合と限定してしまっては、これまで農協が地域農業に対して果たしてきた役割を全うすることが財務的に困難になり、地域農業を支えるための改革により逆に地域農業が衰退したという事態にもなりかねません。

副支店長は総合農協だからこそできる地域農業への貢献方法を正しく理解して、総合農協として地域において存在感を発揮していかなければなりません。そのために、農協の役割を

金利を超える価値を生む"農協人"

愛される職員

農協の強みは組合員という強固な支持基盤であり、農協職員は地域から「愛される」存在でなければなりません。

- 損得で取引するのではなく、農協の○○さんと取引する
- 農協職員の周りに人が集まることで事業が拡大する

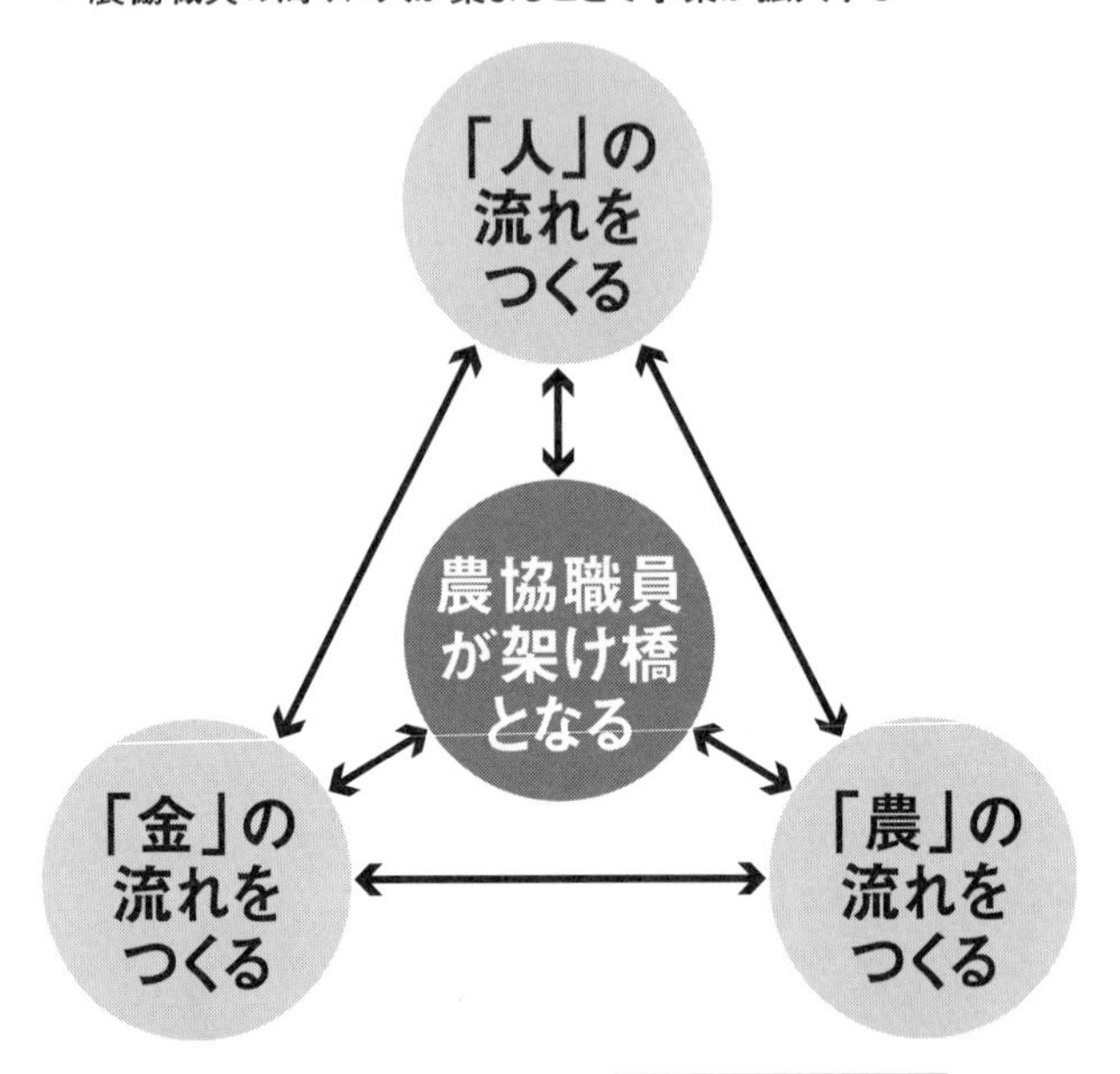

相談される職員

農協が中心となって地域の資金の流れをつくるためには、農協職員が地域から信頼され「相談される」存在でなければなりません。

- 貸し手（貯金者）は自己資金の有効活用（運用）について農協職員に相談する
- 借り手は融資について農協職員に相談する

期待される職員

農協が単なる資金の貸し手、借り手という存在ではなく、地域農業を活性化させる主体として「期待される」存在でなければなりません。

- 生産者は農協に期待して自らの農畜産物の販売を委託する
- 消費者は農協に期待して農協の農畜産物を購入する

地域農業を活性化させる主体として位置づけ、農協は地域において「人」「農」「金」の三つをつなぐ存在だという副支店長の理解が必要です。農協職員が架け橋となり地域の人と人とをつなぎ、地域農業の活性化とともに地域の食を豊かにするために生産者と消費者の間で農をつなぎ、さらには地域金融機関として地域における資金の貸し手と借り手をつなぐ。総合農協がその役割を全うすることで地域が豊かになります。その意味で、地域金融機関であることは農協の一つの顔であり否定されるものではありません。もちろん、農業協同組合として地元農作物の流れをつくることは当然に農協に期待される役割です。農協は地域インフラの一翼を担うといわれますが、それは生活物資の供給というだけではなく地域住民の心の真ん中に存在しているということを意味します。農協職員が架け橋となって地域において「人」「農」「金」をつなぎ、地域全体を活性化することが求められているのです。

地域から「愛される」職員になる

農協の強みは組合員・利用者との人間関係であり、競合金融機関からの攻勢に負けない強固な支持基盤が存在していることです。農協職員との人間関係でつながっている組合員・利用者は取引ごとの損得を超え「農協の○○さんと取引したい」と考えてくれます。このような人間関係ができあがれば、農協職員も組合員・利用者にとっての必要性をしっかりと考えたうえで、組合員・利用者にとって本当に必要な提案をすることが可能になります。

人間力のある職員とは決して「お願い推進」ができる組合員・利用者を多く持っている職員ではありません。人間力のある職員とは組合員・利用者の話を傾聴し、組合員・利用者が悩みや課題を話したくなる職員のことです。人間力のある職員の周りには常に人が集まり、会話が途切れることがありません。地域の方から人気があるという職員に会うと、皆共通して明るい笑顔となんともいえない愛嬌があります。このような要素はなかなか努力して身につけることが難しいものではあります。しかし、農協の副支店長として地域で人と人とをつなぐ架け橋になるためには、副支店長が地域から愛され、周囲に人が集まる存在でなければなりません。

農に関心を持ち「農を知る」職員になる

たとえ信用店舗の副支店長であっても組合員・利用者は農協職員として副支店長のことを

見ています。それは、副支店長が自らの役割をどのように認識しているかは関係ありません。そのため、副支店長が地域農業に関心を持たず貯金残高や共済の契約高のみに関心を示していれば、それがそのまま支店ひいては農協の地域農業に対するスタンスだと考えられてしまいます。

全国の農協で組合員にアンケート調査を実施すると、「農協職員に肥料・農薬のことを聞いてもまともに答えられない」「農協職員が農繁期に共済を進めにくるが、農家の都合を考えているのか」など農協職員の農業に関する知識不足への不満が非常に多くでてきます。職員自身は「毎年新商品が発売される肥料・農薬について常に最新の情報を持っておくことは営農指導員でもない自分にはできない」「自分は共済担当だから農作業の繁忙時期まで意識できない」など農業に関する知識不足を責められても仕方がないと思っているかもしれませんが、これが農協の農業離れ、農家離れという批判につながっていることを忘れてはいけません。

農協職員である以上、「農を知る」ことは、組合のビジョンや連合会を含めた事業の方針を知ることと同じくらい重要なことです。しかし、実際には「うちの管内でこんなものつくってたなんて知らなかった」などと地域農業の実態をほとんど知らないという副支店長は少なくありません。副支店長が地域農業に対して関心を持っているかどうか、地元農家とどのように接しているかなど農協人としての副支店長の行動を配下職員はよく見ています。自分達が農協職員として何を大切にしなければならないかを、配下職員に対して副支店長が行動で示さなければなりません。

信頼され「相談される」職員になる

副支店長は明るく愛嬌があり自然と周りに人が集まってくるような地域から「愛される」職員でなければなりません。しかし、単に良い人、親しみやすい人として組合員・利用者の話し相手になっているだけで、肝心なときに組合員・利用者が競合金融機関に相談に行くようでは信用店舗の副支店長としての役割を果たしているとはいえません。農協を取り巻く競争環境が激しさを増し、これまでのように人間関係だけに頼った事業展開は限界がきています。農協がこの先の競合金融機関との競争に勝ち残っていくためには職員一人ひとりが組合員・利用者の相談に対応できるだけの専門性を備えていなければなりません。

地域金融機関として管内で資金を還流することは農協の重要な役割です。その役割を全うするためには、余剰資金を持った組合員・利用者から資金の活用について真っ先に農協職員に相談がくるようになっていなければなりません。一方で、農協が集めた資金を管内で還流するために管内での資金需要に応えることも農協の役割です。農業経営を拡大するための資金はもちろん、家を建てる、車を買うなどの個人での資金需要に対しても真っ先に農協職員に相談がくるようになっていなければなりません。

組合員・利用者にとって農協が一番の相談相手となるためには、現場に近い副支店長は渉外担当者とともに管内の組合員・利用者を定期的に訪問し、相談する価値がある存在として認められなければなりません。副支店長の日々の行動によってつくられた組合員・利用者との信頼関係によって肝心なときの相談が農協に集まってくるのです。副支店長は地域から愛される職員であるだけではなく、信用事業のプロフェッショナルとして地域から信頼される相談相手でなければなりません。

まとめ

農協に必要なのは金融マンでも営業マンでもありません。副支店長は地域から農協に期待されている役割を正しく理解し、〝農協人〟として地域における農協の存在感を高めるように行動しなければなりません。

- 農協の役割を理解する
- 地域から「愛される」職員になる
- 農に関心を持ち「農を知る」職員になる
- 信頼され「相談される」職員になる

2 地域金融機関ではない〝農協の支店〟をつくる

配下職員の地域農業への関心を高める

農に関心を持ち「農を知る」ことは、副支店長だけではなく配下職員にも求められる要件です。しかし、支店でインタビューをすると下位等級にいくほど農への関心の低さに驚きます。特に広域合併後の農協の新入職員は、職群ごとの専門性を高めることに主眼をおいた人材育成方針のもと営農事業に触れる機会が極端に少なく、さらには共済を中心とした目標（ノルマ）に対するプレッシャーから直接目標（ノルマ）達成につながらない農に関心を持つだけの余裕がありません。

若手職員を中心に農への関心がなくなり、単なる地域金融機関の渉外担当者として貯金や共済を推進することを目的に業務に取り組むようになると、組合員・利用者との接点は少なくなります。実際に、組合員・利用者との接点はキャンペーン期間中の推進のときだけだという渉外担当者がたくさんいます。しかし、そのような関係を続けていけば、本来は農協の強みであったはずの組合員・利用者との人間関係は希薄化し、もはや組合員・利用者と農協職員とは客と業者という関係になっていることも少なくありません。

副支店長は自らが率先して農に関心を持って地元農家と接する姿を見せるとともに配下職員が農に対して関心を持つように促さなければなりません。地元農家が支店に持ってきてくれる野菜を配下職員に配って食べさせることで旬の野菜の美味しさに気づかせることが配下職員が地域農業へ関心を持つきっかけになるかもしれません。配下職員と一緒になって組合員の圃場にお邪魔して農作業体験をすることが地元農家と農協職員とをつなぐきっかけになるかもしれません。

副支店長はキャンペーンや共済の推進目標に汲々とするのではなく、常に農協人として地域農業に関心を持ち、様々な施策によって地元農家と農協職員とをつなぎ、配下職員と副支店長とが「農」の話題で盛り上がれるような支店づくりをしなければなりません。

農家が期待する農協の姿を知る

農協が地域から信頼され、必要とされる組織であり続けるためには、組合員・利用者の声に真摯に耳を傾けることが不可欠です。副支店長は定期的に組合員・利用者の声を聴く機会をつくり、組合員・利用者が農協に何を期待しているのかを正しく把握しておかなければなりません。支店長が訪問すると組合員・利用者は恐縮して本音で話をしてくれませんが、現場に近い副支店長が定期的に顔を出すことで組合員・利用者も気を許して本音で話をしてくれるようになります。そのうえで、農協改革の議論をとおして批判されているように多数を占めるようになった准組合員に傾注した商品・サービス展開ではなく、少数であっても農家

（正組合員）の意思を反映した商品・サービス展開を考えなければなりません。

職員に対するインタビューによると、農家（正組合員）であっても金融機関利用者の最大の関心は金利であり、最近では過去の取引関係や担当者との人間関係はほとんど意味を持たずに金利によって取引を選択する組合員・利用者が増加しているという話をよく聞きます。しかし、全国の農協で実施した正組合員向けアンケートの結果をみると、農協との取引金額が大きい正組合員は金利・手数料や立地の利便性といった経済的利益のみに価値を見出しているというよりも、訪問頻度や担当者の人柄、窓口の対応力といった属人的な要素に価値を見出していることが多く、組合員と農協職員の認識のずれを感じます。

副支店長は、まずはしっかりと正組合員と向き合い、コミュニケーションをとらなければなりません。組合員対応は支店長だけの仕事でも、渉外担当者や組織担当者だけの仕事でもありません。職員全員が組合員と会話し、自分達に期待されている役割を理解しなければなりません。なかでも副支店長は率先して正組合員と会話し、正組合員の声を真摯にうけとめ、競合金融機関と同質の戦略をとるのではなく農協が地域において競合金融機関とは明確に差別化された唯一の存在として認められように改革を進めていかなければなりません。

農協らしい商品・サービスを企画・提案する

農協が目指しているのは、地域において人と人とをつなぐ架け橋になる支店をつくることであり、特に地域農業活性化に向けて地域住民と農家とをつなぐ架け橋になることが農協職員の使命です。

なかでも農協で信用事業や共済事業だけを利用している准組合員と地元農家とをつなぐ架け橋になることができれば地元農家の農業所得向上に貢献できます。地元で獲れた新鮮で美味しい野菜を地域住民が食べる機会をつくることで、准組合員は地元野菜を通じて農協の活動を理解し「農協のファン」になり、農協の支持基盤の強化につなげることができます。そこで、副支店長は農業体験や地元野菜つきの金融商品など農協らしい商品・サービスを企画・提案することが求められます。副支店長に就任する直前まで現場で組合員向けに提案活動を実施していた副支店長であれば組合員・利用者のニーズを満たすアイデアをたくさん持っているはずです。副支店長がそれまで担当者として内に秘めていたアイデアを形にすることで農協らしさを発揮し、組合員・利用者の期待に応えていかなければなりません。

副支店長は総合農協だからできる農業所得向上のための取り組みを徹底して考えつくすこ

とが使命です。もし、農協の信用事業を起点にして准組合員と地元農家とをつなぎ、農業所得向上に貢献することができれば、農協の存在意義を問う農協改革の議論に対する明確な反証となり、准組合員制度を含む総合農協としての事業のあり方を検討する際の判断材料となるはずです。

まとめ

農協人としての副支店長がつくる支店は、競合金融機関とは明確に差別化された〝農協の支店〟です。農家の期待に真摯に耳を傾け、農協が地域農業を活性化するために何ができるのかを真剣に考えなければなりません。

- 配下職員の地域農業への関心を高める
- 農家が期待する農協の姿を知る
- 農協らしい商品・サービスを企画・提案する

おわりに

1 強い支店にはできるナンバー2がいる

　強い支店をつくるためには、夢や理想を本音で語り合える支店長と副支店長が必要です。支店長（ナンバー1）と副支店長（ナンバー2）が同じ理想を目指している支店は、支店の雰囲気を見ればすぐにわかります。そのような支店では職員が発揮するエネルギーが違います。支店長が自信を持って支店の目指す方向を示し、副支店長はナンバー2としてそれを支え、配下職員は支店長が目指す方向に向けて活き活きと仕事をしています。

　支店が組織としてより機能的で、より生産的であるためには支店長と副支店長が強固な信頼関係でつながっていることが何より重要です。支店長との信頼関係を構築するうえで、副支店長の個人的な好き・嫌いは問題ではありません。仮に支店長と性格的にあわないと感じていたとしても、仕事の上では支店長と二人三脚で支店運営をしていかなければなりません。

支店長と同じ考えを持った副支店長が配下職員を統率している支店は職員全員が同じ理想を目指して仕事をすることができます。支店長が描く支店の理想を副支店長が配下職員へ浸透させることで、配下職員一人ひとりが力を分散させることなく同じ理想の実現に向けて迷うことなく各々の役割を遂行するため、支店の持つエネルギーを最大限に発揮できるのです。これこそが、できるナンバー2がいると、単なる集団が組織に変化する（集団の質が変化する）と言われる所以です。

さらに、できる副支店長（ナンバー2）は、支店で問題が発生した際には責任をとる覚悟ができています。時には支店長を守る（泥をかぶる）ことも必要です。問題があると支店長の責任にして、自らに火の粉がかかることを回避するような副支店長を信頼して仕事を任せる支店長はいません。それではいつまで経っても支店長が一人で改革を実行しなければならずスピード感を持って大胆な改革を断行することは困難です。副支店長を信じて仕事を任せきる度量を持った支店長と、支店長の泥をかぶる覚悟のある副支店長が組み合わさったとき、支店は最高のパフォーマンスを発揮するでしょう。

2 副支店長力を高める7つのステップ

ステップ1：支店のナンバー2としての意識を持つ

副支店長は、就任した日から支店のナンバー2としての意識を持たなければなりません。副支店長は融資担当者でもLAマネジャーでもありません。支店のナンバー2として支店長の考えを実践するために行動することはもちろん、若手職員の精神的支柱になるとともに意欲的な姿勢で若手職員を牽引しなければなりません。

ステップ2：支店運営の潤滑油になる

副支店長は支店運営の潤滑油となり支店内のコミュニケーションを活性化しなければなりません。副支店長が潤滑油となり支店長の言葉をわかりやすく噛み砕いて配下職員に伝えるとともに、配下職員の意見をとりまとめて支店長に伝えることも必要です。副支店長が黒子となり支店長を中心に支店を団結させなければなりません。

ステップ3：人材を育成する

副支店長は自らの業務に集中するだけではなく、配下職員の育成を意識しなければなりません。日頃から配下職員と向き合い、小さな成果でも褒めるとともに、改善のために必要と感じればきちんと叱ることが必要です。配下職員を効果的に成長させるためには、配下職員の成長段階に応じて適切な指導スキルを発揮しなければなりません。

ステップ4：店舗内事務をサポートする

副支店長が店舗内事務に対して苦手意識を持っていては十分な牽制機能を発揮することができません。副支店長は事務の流れとその目的を正しく理解して事務処理の不備を指摘する必要があります。そのうえで、支店のナンバー2として支店全体の目線で店舗内事務に向き合わなければなりません。

ステップ5：苦情・クレームに対応する

副支店長は苦情・クレームに対して率先して対応し、苦情・クレームをきっかけに組合員・利用者との信頼関係を深めるように努めなければなりません。その際、単に副支店長が対応して苦情・クレームをおさめたから終わりではなく、支店の苦情・クレームへの対応力を強化するために発生原因を追及するとともに再発防止に取り組まなければなりません。

ステップ6：推進目標を達成する

副支店長は推進目標は絶対に達成するという強い意思で配下職員を鼓舞しなければなりません。そのためには、副支店長が自分の足で歩き、自分の目で見て、自分で考えることが重要です。そのうえで、副支店長が自分で実績をつくるだけではなく、配下職員に実績をつくらせるように支店の推進力を底上げしなければなりません。

ステップ7：地域での農協の存在感を高める

農協の副支店長には、単なる信用店舗の副支店長としての行動だけではなく、〝農協人〟

としての行動が求められます。まずは地域において「人」「農」「金」をつなぐ農協の役割を正しく理解することが必要です。副支店長が架け橋となって人と人とをつなぎ地域を活性化させ、さらに地域住民と農家とをつなぐことで地域農業を活性化させます。そのため、副支店長は信用事業に精通するだけではなく地域農業にも関心を持たなければなりません。

コーヒーブレイク

副支店長に求められる「あ・い・う・え・お」

副支店長が黒子となって支店長の考えを配下職員に対してわかりやすく噛み砕いて説明し、時には若手職員の精神的支柱となり支店を支えるというナンバー2としての役割を全うするためには単に能力的に優れているだけでは不十分です。副支店長は地域から「愛される」職員であるとともに、支店長や配下職員にとっても「信頼できる」職員でなければなりません。そのため、副支店長には信用事業の専門家としての能力だけではなく、自然と周りに人が集まる人間力を持たなければなりません。

以下、副支店長に求められる人間力を列挙しておきますので、ご自身の日頃の言動を振り返る際の参考にしてください。

(あ) 明るい

副支店長は若手職員の精神的支柱であり、業績が不調なときでも平常心を持って、常に安定した明るさを持って配下職員と接することが必要です。渉外担当者が推進目標達成について悩んでいても、窓口職員が苦情・クレームを受けて気持ちが沈んでいても、いつだって明るく励ましてくれる副支店長が近くにいてくれることで、配下職員は安心して業務に望むことができます。配下職員がいつでも元気に、支店に来て働くのが楽しいと思えるように、支店にいるときには常に明るい笑顔を保ってください。

(い) 意欲的である

副支店長は農協において実現したい夢を持ち、その実現に向けて意欲的に取り組んでいなければなりません。副支店長になっても驕ることなく自己啓発に取り組み、自身の成長に向けて意欲的に取り組んでいる姿は配下職員の模範となります。また、支店を改革するために「前例がないからやめる」のではなく「前例がないことをやる」と考え、「自分がやらねば誰がやる」という精神で何事にも意欲的に取り組まなければなりません。

う 嘘をつかない

副支店長が配下職員から信頼されていなければ、配下職員が黒子になって支店長を中心として支店を団結することはできません。そのため、副支店長を信頼してついてきている配下職員に対して絶対に嘘をついてはいけません。副支店長がその場しのぎの嘘をついたり、自分を守るために嘘をついたりしていることを配下職員が知れば、副支店長への信頼は崩壊します。配下職員をまとめる副支店長には取り繕うことなく自分の非を素直に認める、言いにくいことでも正直に伝えるといった誠実さが求められます。

え エネルギッシュ

副支店長は支店の中で誰よりも精力的に仕事をしなければなりません。配下職員は副支店長の仕事を見て、「この人には勝てない」と畏敬の念を持つとともに、「いつかこの人みたいな仕事がしたい」と仕事に対するモチベーションを高めていきます。内心は上手くいかないことに悩んでいても副支店長は歩みを止めてはいけません。常に配下職員の道しるべとなるべくエネルギッシュに働く姿を見せなければなりません。

Ⓞ おおらか

副支店長は配下職員にとって最も信頼できる相談相手であり、副支店長に対しては誰もがいつでも気軽に相談できる存在でなければなりません。激昂しやすい副支店長や神経質な副支店長に対して相談したいと思う配下職員はいません。副支店長は、配下職員が口にする不平や不満に対しても、きちんと理解を示すようなおおらかさを持っていなければなりません。

あとがき

農協を取り巻く様々な環境が変化するなか、支店の現場では支店の「目指す方向性」について不安や混乱がうまれています。このような環境下において支店長が孤軍奮闘しているだけでは改革を実行することはできません。支店長を支え、支店運営の潤滑油としての役割を担う副支店長の存在が改革の成否の鍵を握るといっても過言ではありません。本書が自己改革のキーマンともいえる副支店長の皆様に気づきを持って読んでいただけたのであれば、執筆者として望外の喜びです。

本書の執筆にあたり、あいち知多農業協同組合の中北春彦専務をはじめ、大岩康彦常務、伊藤勝弥部長には限られた時間の中で原稿に目をとおしていただき、経験豊富な立場から貴重なご意見を頂戴しました。また、副支店長の実態を把握するために、全国の農協で職員インタビューの機会を頂戴しました。ご協力いただきました農協役職員の皆様に、この場を借りてあらためてお礼申し上げます。

総合監修

井上　雅彦

有限責任監査法人 トーマツ ＪＡ支援室室長。27年に亘り、大手上場企業の会計監査、ＩＰＯ支援に従事。ＪＡグループに対して、経営基盤強化（内部管理体制構築支援、内部監査強化、規制対応など）、経営高度化（中期経営計画策定支援、営農・農業振興計画策定支援など）に関する総合コンサルティングを幅広く実施するとともに、２０１３年より農業生産法人、農業分野への新規参入母体に対する戦略策定支援、管理体制構築支援、財務基盤強化サービスなど総合コンサルティングにも取り組む。

執筆者

水谷　成吾

トーマツグループ入社後、ＪＡグループを対象に、中期経営計画策定支援、営業戦略策定支援、人事制度設計・導入支援、組織と人材変革支援など多角的なコンサルティングサービスを提供。現在は、有限責任監査法人 トーマツ ＪＡ支援室にてＪＡの役員向け経営戦略策定研修、支店長向けマネジメント力強化研修、相続相談対応力強化研修など人材育成と組織活性化に従事。

重村　吏香

有限責任監査法人トーマツ入所後、製造業を中心に上場会社の会計監査に従事。現在は、同法人ＪＡ支援室にて、単位農協向けに組合員意識調査や職員満足度調査を活用した職場活性化プロジェクト、支店長向けマネジメント力強化研修など組織と人材変革支援業務に従事。

著者紹介

有限責任監査法人 トーマツ

有限責任監査法人 トーマツは日本におけるデロイト トウシュ トーマツ リミテッド（英国の法令に基づく保証有限責任会社）のメンバーファームの一員であり、監査、マネジメントコンサルティング、株式公開支援、ファイナンシャルアドバイザリーサービス等を提供する日本で最大級の会計事務所のひとつです。国内約40都市に約3，200名の公認会計士を含む約5，600名の専門家を擁し、大規模多国籍企業や主要な日本企業をクライアントとしています。詳細は当法人Webサイト（www.deloitte.com/jp）をご覧ください。

有限責任監査法人 トーマツ ＪＡ支援室

ＪＡの持続的成長をサポートする専門部隊であるＪＡ支援室は、全国に約100名の専門メンバーを配置し、全国・都道府県組織と連携して全国のＪＡグループに対して、地域性、事業特性を踏まえた、資産査定や事務リスク、内部監査といった内部管理態勢高度化支援、中期経営計画策定支援、組織と人材変革支援、地域農業振興計画の策定支援など総合コンサルティングサービスを提供しています。

できる副支店長になるための
7つのステップ

2016年9月1日　第1版 第1刷発行

著　者　有限責任監査法人 トーマツ JA支援室

発行者　尾中隆夫

発行所　全国共同出版株式会社
〒161-0011 東京都新宿区若葉1-10-32
TEL. 03-3359-4811　FAX. 03-3358-6174

印刷・製本　株式会社アレックス

© 2016. For information, contact Deloitte Touche Tohmatsu LLC
定価はカバーに表示してあります。
Printed in japan